2014 年将大力发展绿色建筑

一、大力推进绿色建筑发展 实施"建筑能效提升工程"

2014 年将继续抓好《绿色建筑行动方案》的贯彻落实工作。继续实施绿色生态城区示范，加大绿色建筑和绿色基础设施建设推广力度，强化质量管理。重点做好政府办公建筑、政府投资的学校、医院、保障性住房等公益性建筑强制执行绿色建筑标准工作。

稳步提升新建建筑节能质量和水平。新建建筑在施工阶段执行标准的监管力度将加大，并开展高标准建筑节能示范区试点。强化民用建筑规划阶段节能审查、节能评估、民用建筑节能信息公示、能效测评标识等制度。

继续开展既有居住建筑节能改造。确保完成北方采暖区既有居住建筑供热计量及节能改造 1.7 亿平方米以上，督促实行供热计量收费。力争完成夏热冬冷地区既有居住建筑节能改造 1800 万平方米以上。

提高公共建筑节能运行管理与改造水平。进一步做好省级公共建筑能耗动态监测平台建设工作。推动公益性行业和大型公共建筑节能运行与管理。制订公共建筑能耗限额标准，研究建立节能管理制度。

推进区域性可再生能源建筑规模化应用。总结光伏建筑一体化示范项目经验，扩大自发自用光伏建筑应用规模。

二、积极推广绿色建材 推动建筑产业现代化

稳步推进绿色建材评价标识和推广应用工作。在绿色建材推广应用协调组领导下，出台绿色建材推广应用有关规定和办法，启动绿色建材评价工作，发布绿色建材目录，组织研究绿色建材评价标准。

积极推动建筑产业现代化。研究制定促进建筑产业现代化发展的政策措施和实施方案，组织开展与产业化相适应的技术体系、部品体系和标准体系的研究。以住宅建设为重点，开展相关试点示范，推进产业化技术和部品的研发及工程应用，提高建筑装配化和集成化水平。

提高建筑垃圾综合利用水平。研究制定推进建筑垃圾综合利用相关政策文件，指导各地开展建筑垃圾综合利用工作，启动试点示范，推动相关技术、产品、设备的研究开发、推广应用和产业化发展。

继续推进建筑保温与结构一体化技术体系的研发与应用，研究制定相关政策文件，跟踪总结各地经验和做法，完善相关技术和标准规范。

图书在版编目（CIP）数据

建造师 28 ／《建造师》编委会编 . —北京：
中国建筑工业出版社，2014.3
ISBN 978–7–112–16614–5

Ⅰ . ①建 … Ⅱ . ①建 … Ⅲ . ①建筑工程—丛刊
Ⅳ . ① TU – 55

中国版本图书馆 CIP 数据核字（2014）第 055040 号

主　　编：李春敏
责任编辑：曾　威
特邀编辑：李　强　吴　迪

《建造师》编辑部
地址：北京百万庄中国建筑工业出版社
邮编：100037
电话：（010）58934848
传真：（010）58933025
E-mail：jzs_bjb@126.com

建造师 28
《建造师》编委会　编
*
中国建筑工业出版社 出版、发行（北京西郊百万庄）
各地新华书店、建筑书店经销
北京中恒基业印刷有限公司排版
北京同文印刷有限责任公司印刷
*
开本：787×1092 毫米　1/16　印张：8¼　字数：270 千字
2014 年 3 月第一版　　2014 年 3 月第一次印刷
定价：18.00 元
ISBN 978–7–112–16614–5
（25430）

CONT 目

大视野

1　稳中有进　稳中向好
　　——2013 年中国经济回顾与思考　　谢明干
11　我国工业结构的概况和主要问题　　高梁
17　我国企业走出去面临的问题及对策建议　程伟力

投资经济

20　中资企业海外投资再思考　　　　　　常健
26　中国对日直接投资的现状分析
　　　　　　　　　　　　　　刁榴　张青松
33　中国对非洲直接投资的前景展望　　胡祖铨
37　中国企业海外上市"预演"必要性分析
　　　　　　　　　　　　　　　　　　赵忆箫

项目管理

41　HE 火电项目锅炉和汽机安装工程的项目管理
　　　　　　　　　　　　　　　　　　顾慰慈
53　万科、铁狮门旧金山"富升 201 号"项目分析
　　　　　　　　　　　　　　　　　　吕卓锦

工程法律

59　建筑工程垫资承包的效力及风险防范　苏采薇

工程实例

64　模块化工厂的建造与安装
　　　　　　　　　　　王清训　高杰　陈前银

案例分析

69　中东 EPC 工程总承包实例及简析
　　　　　　　　　　　　　　王力尚　杨俊杰

录NTS

80 中国企业在缅甸投资状况分析

　　——以中缅油气管道项目为例　　陈雅雯

84 "非洲买矿记"

　　——天津物产集团入股非洲矿业集团评析

　　　　　　　　　　　　　　　杨秋硕

88 "华坚现象"原因分析　　　　赵武汉

风险管理

93 浅析建筑工程项目的风险管理　　潘启平

看世界

97 特斯拉与我国的新能源汽车　杨力元　吴敬

100 国IV排放标准执行过程中的多方博弈　付朝欢

建造师论坛

105 谁将成为"人民币国际离岸金融中心"

　　之最后赢家?　　　　　　　汪洋

108 双汇国际收购史密斯菲尔德的前景讨论

　　　　　　　　　　　　　　　吴健文

房地经济

112 不动产统一登记制度有利于房地产市场

　　健康发展　　　　　　　　　刘艳

118 中国三四线城市"鬼城"现象探寻　任丛

连载

122 南京国民政府时期建造活动管理初窥(三)

　　　　　　　　　　　　　　　卢有杰

本社书籍可通过以下联系方法购买:

本社地址:北京西郊百万庄

邮政编码:100037

邮购咨询电话:

(010)88369855 或 88369877

稳中有进　稳中向好

——2013年中国经济回顾与思考

谢明干

（国务院发展研究中心世界发展研究所，北京　100010）

2013年中国经济面临严峻的形势：世界经济继续低迷，复苏乏力；中国经济沿袭2008年世界金融危机以来的下行趋势，上半年继续下行。对此，国内外不少人表示忧虑，预料中国经济不可避免地走向软着陆甚至将发生经济危机。但是，中国政府沉着应对，坚持调结构、促改革不动摇，坚持积极的财政政策和稳健的货币政策不动摇，着力创新宏观调控方式，大幅取消、下放行政审批项目，激发了市场活力，从下半年开始，经济反弹，各项主要经济指标均在原计划的合理区间之内，实现了稳中有进、稳中向好，赢得了世界的广泛好评。本文在详细分析了各项指标的情况后，用大量篇幅对发展中十个比较突出的问题作深入的分析，并提出了自己的看法与建议。

2013年已经过去，根据中国国家统计局的统计数据可以得出以下结论：经济稳健前行，稳中有进，稳中向好，各项主要经济指标都处在2013年初计划的合理区间之内。

一、宏观经济层面企稳向好：着力创新调控方式，调结构转方式不动摇，稳中求进——对主要经济指标的分析

回顾过去的2013年，中国面临着艰难复杂的国内外环境。在国际层面，美国因财政赤字扩大和失业率高企，经济复苏的步履蹒跚；欧元区的债务危机尚在发酵，经济增长乏善可陈，多数国家的经济增长率在正负线上下徘徊；日本经济依靠"量化宽松"（扩大货币发行）有点起色，但流动性泛滥、货币贬值，难以为继；新兴经济体和广大发展中国家的经济增长普遍放缓。在如此严峻形势下，我国外需大幅萎缩的状况仍然难有明显好转，出口增长困难重重。在国内层面，调整经济结构、转变发展方式因受到多种因素制约，如能源结构不合理、产能严重过剩、环保形势严峻、房地产泡沫发展、劳动力成本与消费品价格上涨幅度大等，举步维艰。在2012年第四季度经济增速停止了过去受世界金融危机影响而连续7个季度的回落后，从2013年年初开始，经济增速又呈下降之势，一季度下降到7.7%，二季度又进一步下降到7.5%。当时国内外不少人，包括一些知名的经济学家和著名的研究、咨询机构，纷纷对我国经济增速逐季下滑、经济增长动力不足表示担忧，预测我国经济将硬着陆并将对世界经济有大的负面影响，各种"唱衰"中国、"看空"中国的悲观论调也不绝于耳，有的人甚至煞有介事地宣称中国已经发生了"经济危机"云云。面对这种情势，我国政府保持清醒头脑，沉着应对，坚持稳中求进的工作总基调，不扩大赤字，不放松也不收紧银根，保持财政和货币政策的稳定性，着力改善宏观调控方式，采取了一系

列既稳当前更惠长远的政策措施，例如：简政放权，取消大量行政审批项目，减免小微企业的税负，帮助中小微企业解决融资难问题，为企业特别是民营企业、中小微企业营造公平竞争的环境；加大流通设施、公共设施的投资建设；加快发展节能环保产业；进一步鼓励与支持服务业特别是现代服务业的发展；促进信息消费，大力发展电子商务；加快人民币利率市场化改革进程；等等。经过上述努力，我国经济发展的动力和活力进一步增强，战胜了前进路上的许多困难，终于出现了稳中有进、稳中向好的局面，主要表现在：

（一）经济仍在较高位上平稳增长

经济增速从一季度的7.7%、二季度的7.5%，反弹到三季度的7.8%、四季度的7.7%，全年为7.7%，比年初计划的增长7.5%高出0.2个百分点，这表明我国经济已经消解了硬着陆的风险，保持了较强的发展势头。从对宏观经济运行有重要影响的指标PMI（中国制造业采购经理指数）看，11月份PMI为51.4%，与上月持平，已连续14个月位于临界点之上。而且PMI自7月份以来经历连续4个月小幅上升之后转为平稳，亦显示经济运行确实已进入平稳增长的区间。

（二）全年就业目标提前、超额完成

1~12月，全国城镇新增就业1310万人，比年初计划全年新增900万人的目标多出400多万人。城镇登记失业率保持在4.05%的较低水平。

（三）全国居民消费价格总水平处在年初计划控制目标之内

1~12月平均，CPI同比上涨2.6%，完成了全年物价涨幅不超过3.5%的计划。另外，从CPI运行趋势看，2013年CPI已进入上行周期，2014年物价上行压力可能会略大，因此对稳物价不可掉以轻心。

（四）农业丰收

首先是粮食"十连增"，这在世界农业史上不说是空前的也是极为罕见的奇迹。2013年我国粮食总产量首创6万亿吨的历史新纪录，比上年增产1235.6万吨。之所以能够实现"十连增"，不是依靠"老天爷"帮忙（靠天吃饭），而是依靠"科技增粮"、"政策增粮"和"减灾增粮"。"科技增粮"是指大面积推广先进的农业科学技术；整建制地推进高产创建；将一批实用性技术集成组装，向规模经营户推广；组织专家进村入户巡回指导等。"政策增粮"是指连续6年提高稻谷最低收购价格；把农业"四补贴"资金从2012年的1653亿元增加到2013年的1700亿元，并且从"补面积"转向"补技术"等。"减灾增粮"是指加强各种科学救灾，减损就是增产。例如，搞好病虫害防控，全国每年挽回的粮食损失就有1500亿斤之多，约占国家粮食总产量的15%；面对南旱北涝的自然灾害，全年共安排了86亿元对200多处大型灌区进行了配套建设，在严重干旱地区组织了860多支抗旱服务队，全国有2500多个县建立了基层水利站，这些都为抗灾减灾夺丰收发挥了重要作用。

（五）工业增速企稳回升

1~12月，全国规模以上工业增加值同比增长9.7%，主要动力是水利、环境保护、城市棚户区改造、公共设施管理业、交通运输、仓储和邮政业等的投资增长较快；房地产市场活跃，1~12月全国房地产开发投资同比增长19.8%，从而带动了一系列相关工业的增长；受消费结构升级的影响，汽车生产同比增幅较大，亦起了带动若干工业增长的作用；出口需求有所好转，也促进了工业特别是家电、服装等行业生产的增长。但是1~12月中国工业生产者出厂价格（PPI）同比下降1.9%（已连续22个月下降），工业生产者购进价格同比下降2.0%，显示我国经济尚未从需求面疲弱、制造业不振的局面中完全走出来，经济持续回稳力度仍不足。

（六）进出口贸易增长

全年出口总额为 22096 亿美元，同比增长 7.9%；进口总额 19504 亿美元，同比增长 7.3%。出口下半年回升势头比较显著，主要原因，一是欧美经济温和复苏，我国对其出口有所增长；二是我国与新兴经济体和广大发展中国家的贸易往来与经济合作保持良好的发展势头；三是尽管人民币汇率走高，但进口原材料价格大幅下跌，出口加工企业利润回升；四是出口退税政策发挥了积极作用。总体上看，出口增长是 2013 年我国经济稳中有进的一个重要因素。

（七）投资和消费均保持两位数增长，显示经济内生动力仍然较强

固定资产投资一直保持 20% 左右的增长，1~12 月全国固定资产投资（不含农户）同比增长 19.3%。在固定资产投资中，房地产投资的大幅增长起了重要的推动作用。消费也有较大的增长潜力，特别是"宽带中国"战略的出台，大大推动了信息化消费的增长。但消费总的看来增长不快，对经济的拉动作用与投资相比差距仍较大，而且各月份的同比增长相差只有一个百分点左右，1~2 月为 12.3%，到 9 月份也只有 13.3%，11 月份为 13.7%。1~12 月，全国社会商品零售总额同比增长 13.1%，同比有所下降。消费增长下滑主要是由于经济减速导致收入预期下降，社保覆盖水平低导致消费倾向减弱，股市持续低迷导致投资者资产缩水，食品、旅游等大幅涨价导致居民减少消费等，也与加大反贪腐反浪费力度、公款消费锐减有关。

（八）财政收入增幅逐季回升

据财政部发布的数据显示，1~12 月，全国财政收入累计 129143 亿元，同比增长 10.1%，其中，一季度增长 6.9%，二季度增长 8.1%，三季度增长 11.2%。第三季度增幅明显回升，主要是经济逐步回暖、外贸形势有所好转等因素带动了企业所得税、增值税、消费税和进口货物增值税、关税的增长。同时，这也表明"营改增"

与结构性减税等措施推动了产业转型升级步伐加快，并开始彰显良好效果，实现了全年财政收入增长 8% 的目标。在财政支出方面，1~12 月，全国公共财政支出累计 139744 亿元，同比增长 10.9%。其中，城乡社区事务、节能环保、社会保障和就业等财力投入增长显著。财政部有关人士认为，财政支出一年 13 万亿元的大盘子，每个月 1 万亿元的进度完成得很好，这说明预算执行能力、资金管理水平都有所提高。

（九）城乡居民收入水平提高

2013 年，农村居民人均收入同比实际增幅为 12.4%，继续高于城镇居民人均可支配收入同比实际增幅，也高于同期 GDP 的实际增幅。

二、微观经济层面问题多多：必须大力深化改革，促发展惠民生不懈怠，破解瓶颈——对十个突出问题的思考

由上可见，2013 年我国宏观经济层面是比较好的，发展比较平稳，而且确实是稳中有进、稳中向好。当然，我国现在正处于转型期，以前所积累的众多老问题同转型期间出现的不少新问题互相叠加、交织，错综复杂，有的比较严重、非短期之功所能解决，有的牵一发而动全身、影响面比较大，有的解决起来要引起阵痛、要付出比较大的代价。但是这些问题如果不下定决心切实加以解决，就会变成阻碍经济持续健康发展的"瓶颈"。比较突出的问题有以下十个：

（一）正确对待经济增速下降问题

实践证明，根据我国当前的实际情况，经济增速以保持在 7%~8% 这个区间为宜，过低，对增加就业和财政收入不利；过高，对调整经济结构、全面深化改革不利。不少人，包括一些经济官员和经济学家，长期保持"GDP 至上"与"两位数增长速度"的惯性思维，总是以 GDP 论英雄、片面追求增长速度。这种思维对实现经济的持续健康发展是十分有害的，必须从这个思想牢笼解放出来。

现在深入进行的调整经济结构、转变经济发展方式，是保证经济持续健康发展的关键举措，事关大局，为此主动让出点空间、降低点速度以实现提质增效和结构合理化，是十分必要的，从长远看也是值得的。其实，随着经济的不断发展，经济基数越来越大，增长速度相对下降，这是必然的、正常的。更何况，百分之七八的增长速度在世界上已经是罕见的很高的增长速度了，国际社会纷纷给予很高的评价。有的学者说，在全球经济"大减速时代"，中国脱颖而出，其经济表现仍然是最抢眼的。我们在做经济计划设定目标时，在对经济运行进行必要的宏观调控时，在考核干部政绩、分析经济形势时，一定要保持理性的头脑，把指导思想搞端正，绝不能再片面追求高速度。

（二）化解产能过剩问题

在我国工业经济领域的多个行业中，特别是在钢铁、水泥、电解铝、平板玻璃、船舶等行业中，产能过剩十分严重，据官方数据，其产能利用率大体上只有 70% 多一点，其中，船舶行业前三季度产能利用率更是下降到 50% 左右。其他行业如煤炭行业、服装鞋帽行业、光伏行业等，产能过剩也比较严重。据有关资料，目前我国服装企业库存的衣服足够全国民众至少穿 3 年之久。产能过剩加剧市场恶性竞争，造成这些行业的利润水平大幅下降，企业生产经营困难，技术研发和节能减排投入不足，还导致资源浪费与环境污染加重，加大资金断链的风险。现在这个问题的严重性还在于，这些行业仍有一批在建、拟建项目，致使产能过剩呈加剧之势。因此，化解产能过剩既是当前的燃眉之急，又是今后一段时期调结构、转方式的工作重点，也是我国经济加快转型升级，寻找增长新动力的一项重大举措。

产能过剩的根源，一是政府失当，二是市场失灵。一些地方政府出于"GDP崇拜"与"投资饥渴症"，总是直接插手微观经济，通过规划、政策及其他行政手段，对那些重复建设项目或鼓励上马、或盲目放行、或给予优惠与保护，以致造成大量的重复建设、产能过剩。据统计，各省区市的"十二五"规划中，就有 16 个把钢铁列为重点发展产业，20 个把汽车列为重点发展产业。与此同时，市场失灵又进一步加重产能过剩现象。由于市场信息体系不完善，企业往往难以掌握市场供求关系的大局与发展趋势，当市场有需求时便一涌而上，盲目跟风扩大投资和生产；一旦市场需求出现逆转，其产能就过剩，而那些信息不灵的企业可能还在继续生产甚至扩大产能，从而导致大量产品积压、大量产能过剩。因此，化解产能过剩，不能以为可以"一关了之"，而必须既抓"政府"又抓"市场"。

政府首先要从投资型政府、无所不包型政府切实转变为服务型政府，主要履行科学规划、市场建设、宏观调控、服务监督的职责，让市场（而非政府）在资源配置中起决定性作用，尽量减少政府对企业生产经营的行政干预。同时，政府要制定与严格执行环保、安全、能耗等市场准入标准，发挥市场优胜劣汰机制的作用；要建立投资项目信息库，以便于对产能过剩的监督与预警，建立市场信息库及时发布信息，引导企业调整投资重点和方向；要发挥价格杠杆的作用，倒逼落后产能退出市场；发挥信贷杠杆的作用，严禁新增贷款用于扩大过剩产能。

化解产能过剩要实行四结合：同产业结构调整结合起来，坚决淘汰落后产能，推进企业兼并重组，提高企业集中度、壮大企业实力；同节能减排、防止与治理污染结合起来，摒弃"三高"型（高能耗、高排放、高污染）发展方式；同创新驱动、技术改造结合起来，推进产业升级；还要同清仓压库结合起来，强化管理，盘活资金，提升企业的综合竞争力。

（三）加大节能环保力度问题

随着经济的不断发展，我国的环境污染问题越来越严峻，虽然某些局部情况有所改善，但从总体上看仍呈不断加剧之势，目前江河湖海（近海）和地下水大部分受到污染，土地沙化、荒漠化在发展，农业用地的重金属含量在增加，大气污染特别是雾霾覆盖大半个国家。有的学者感叹："国在山河破"，我们将留给后代一个怎么样的地球？节能减排工作虽然也取得一些成绩，但很不理想，形势也很严峻。据官方发布的前三季度节能目标完成情况，海南等3个地区节能形势十分严峻，江苏等8个地区节能形势比较严峻，只有北京、天津等19个地区节能工作基本顺利。看来，全国要实现全年的总目标（单位GDP能耗下降3.7%以上，二氧化碳、化学需氧量、氨氮、氮氧化物排放总量分别下降2%、2%、2.5%、3%），任务很艰巨。

我国的节能环保工作搞了30多年，至今连单位能耗上升、连环境污染加剧的趋势也遏制不住，原因何在？如果认真分析一下，原因并不在于缺资金、缺技术、缺人才，而在于缺思想、缺决心。特别是在当前经济下行的压力下，有些地方政府就来个"萝卜快了不洗泥"，只顾刺激经济快速增长，而放松节能环保工作，有的还顶风建成或在建、拟建一批高耗能高排放项目，给节能环保工作带来更大的压力。来自环保部的信息显示，那些产能过剩严重的行业，由于企业效益较差，节能减排治污的投入、治污设施的运行效率都出现滑坡。只有坚决扭转重经济增长轻节能环保的思想，下定把节能环保放在工作首位的决心，才能推动节能环保工作不断前进，为高质量的可持续增长打下坚实的基础。

从总体上看，节能环保工作成效不理想，与有关的机制体制不合理关系很大。环境、生态、资源具有正外部性，治理环境污染、保护生态系统、合理开发使用资源，都不能单纯依靠企业的"责任感"，企业是营利组织，追求利润最大化；也不能单纯依靠人民群众的"自觉性"，真正具有这种"自觉性"并付诸行动

的人目前还是少数，更何况有不少人缺乏道德诚信，片面追求个人利益最大化；而必须依靠完善的法制和各级政府的强力推动。但是目前的工作机制体制存在不少问题，例如："九龙治水"，打乱仗；"铁路警察，各管一段"；有法不依、执法不严；地方保护、领导说情；一些跨区域跨行业的事没人管、互相推诿（如江河、大气治理）；一些事一哄而上、各自为战、重复花钱但成效不大（如电动汽车、煤化气）；一些事需要做但停留在口头上、"画饼充饥"，不落到实处（如垃圾回收与处理）；一些事好像有人管但实际上无人负责长期未打开局面（如资源综合利用）；等等。为此，建议组建国家资源与环境委员会，由国土资源部、环保部以及其他部门的有关机构合并而成，国务院总理（或副总理）亲自任主任，各有关部门的负责人任委员。这样做的好处是：可以从国家长远的可持续发展的需要，从世界经济、科技发展和自然界变化的趋势，来研究制定全面的战略规划、法规、政策、制度，安排重大项目；可以统筹协调各方面的力量，攻坚克难；可以大大提高政令的权威性、执行的严肃性和监督的有效性。这个委员会不是个单纯的议事机构，应该有职有责有权，对破坏环境、破坏与严重浪费资源的项目与行为有独立否决、勒令停止与提出处治建议之权。

（四）积极推进新型城镇化问题

城镇化是我国最大的内需，从一定意义上说，工业化主要是创造供给，而城镇化主要是创造需求，并从而拉动许许多多种产业的发展，是当前和未来一段较长时间我国经济社会发展的主动力。据有的学者研究，我国城镇化率每提高1个百分点，人均GDP可增加670元（按2010年价格计算）。从投资来看，城市每增加1个人口，需要增加基础设施建设投资和公共服务投入约10万元，预计到2015年城镇约增加1亿人，就需要增加10万亿元的投资。从消

费来看，假定 2010~2015 年城镇居民人均可支配收入年均增长 7%，届时城镇居民人年均可支配收入将达到 2.68 万元，按 2010 年城镇居民平均 70.5% 的消费倾向计算，2015 年城镇居民人均用于消费的支出为 1.89 万元，因城镇人口增长可增加消费 18940 亿元。可想而知，城镇化产生如此庞大的投资需求与消费需求，对经济增长的拉动力是多么大！改革开放以来，我国城镇化发展很快，城镇化率年均提高 1.02 个百分点，2002 年为 39.09%，到 2012 年就达到 52.57%。诺贝尔经济学奖得主斯蒂格利茨说：21 世纪有两件大事，一件是美国的高科技，另一件是中国的城镇化。

当前我国城镇化面临一系列需要研究解决的问题，归纳起来，一是土地问题。一些地方大搞"造城运动"，大建商铺和住宅，但由于户籍改革、产业支撑等相关重大事情跟不上，"筑巢"引不来"凤"，成了无人居住的空城。这种盲目冒进的被称为"土地城镇化"的倾向，造成土地、投资、劳力的巨大浪费和许多后患。另外，农村土地未经确权，对圈地征地"造城"，农民不放心不乐意，易引发矛盾。二是户籍问题。许多农民在城镇打工，长期入不了户口，享受不到城镇居民的福利待遇，特别是医疗、子女上学等问题得不到解决。而许多城镇在短时间内又无力解决这些问题。有的地方正在研究试行农民工工作几年后可以报户口的制度，也有的地方提出着力发展县以下的小城镇（"就地城镇化"），这些是有意义的探索。三是就业问题。农民进了城镇，能够住得下、留得住，关键在于有工做、有钱赚，因此城镇化必须有产业支撑，根据自身的实情，发展一些有市场有效益最好又是有本地特色的实体经济，使农民进入城镇后有稳定的工作、生活得也比以往幸福。但是有的地方把大中城市的过剩产能、产生严重污染的落后产能转移进来，以高消耗高排放高污染的方式生产一些质量低劣或市场

饱和的落后产品，有的地方甚至建一些脱离实际的高级酒店、游乐场之类，这都是不可取的。四是公共服务问题。不少新城镇，只热衷于建房子，而水、电、电信、交通等基础设施建设严重滞后，医疗、社保、教育等保障体系更是残缺不全，因而留不住人，失去了城镇化的意义。

2013 年 11 月 12 日《中共中央关于全面深化改革若干重大问题的决定》（以下简称《决定》）指出："坚持走中国特色新型城镇化道路，推进以人为核心的城镇化"。"特色"是根据中国的国情从制度上解决好让农民真正成为"市民"的问题，是搞"人的城镇化"，而不是搞"土地城镇化"或"房屋城镇化"；"新型"是指以改革统领城镇化，突破旧框框，创新模式、机制，按照城乡一体化发展的方向，统筹兼顾，缩小城乡和地区发展的差距，推动大中小城市和小城镇协调发展，重点是发展县域经济，让大多农村剩余劳动力在家门口就业。根据各地的经验教训，推进城镇化，一是要科学规划，不要为追求城镇化率而盲目举债铺摊子；二是要坚持农民自愿，完善对被征地农民合理、规范、多元保障机制，不能强迫命令；三是要提高城乡土地利用率，不能突破全国耕地 18 亿亩的红线；四是要强化生态环境保护，不能加剧环境污染与破坏；五是要勇于制度创新，不能指望沿用老办法来解决新问题。

（五）加快发展服务业问题

近些年来，在调结构、转方式的大背景下，我国服务业（包括生活性服务业和生产性服务业）快速发展，2008~2012 年年均增长 9.5%，成为非制造业稳健增长的重要支撑。2012 年服务业增加值占国内市场总值达到 44.6%，但是占比仍然大大低于发达国家（占 70% 以上），比同等收入水平的发展中国家也低 10 个百分点左右。特别是生产性服务业、现代高端服务业中的信息、网络、研发、咨询、设计、银行、保险、信托、物流等的发展还很薄弱，服务贸

易规模与货物贸易规模相比也还很小。

服务业是扩大社会就业的主要场所，是发展现代经济的重要支撑，大力加快服务业的发展、迅速补上这个"短板"是我们调整经济结构、推动产业升级的一项重要内容、重大举措。为此，（1）必须在思想观念上、政策制度上为发展服务业"松绑"，最大限度地减少行政审批、放宽市场准入，让市场在服务业资源配置中真正起决定性作用，凡是法律法规没有明令禁止的服务领域都要向民间资本开放。（2）在服务业中，非公有制企业占的比重比较大。《决定》里有一个很重要的理论突破，就是强调非公有制经济和公有制经济一样，"都是社会主义市场经济的重要组成部分，都是我国经济社会发展的重要基础。"因此应对二者一视同仁，彻底消除对非公有制经济的传统偏见与歧视漠视，使它们激发出活力与正能量，积极参与公平公正的市场竞争。这也是促进服务业加快发展的一个重要因素。（3）继续挖掘服务业增长潜力，完善鼓励服务消费的政策环境。为鼓励生活性服务消费，要积极培育与规范旅游业、文化产业、网购业、快递业、公共设施管理、日用维修、家政服务、老年服务等市场，以利于提升民众的文化素质与生活舒适度便利度、增加就业、繁荣经济。为鼓励生产性服务消费，要积极培育与规范软件与信息技术服务、IT服务、云计算、工业设计、高技术指导、环保治理服务等市场，以利于促进制造业与现代服务业融合，推动产业转型升级和经济发展方式转变，帮助企业尤其是中小微企业向高端产品进军。（4）深化改革，逐步在服务业推进"营改增"改革，创新融资方式，强化市场监督和公共服务，以进一步激发服务业加快发展的活力。

（六）建设统一开放、竞争有序的市场体系问题

这是使市场在资源配置中起决定性作用的基础。现在我们的市场体系离"统一开放、竞争有序"这个要求还很远，突出表现一是不统一。条块分割，行业垄断，地区保护，没有真正形成全国统一的市场，各种资源和商品难以按照市场规律要求自由流动。二是开放度差。在市场准入方面，不同的市场主体准入条件不同，在不少领域民营企业遭遇"玻璃门"、"弹簧门"，不能或很难进入。在招投标、采购、项目审批等方面，暗箱操作、私下交易、"长官意志"屡见不鲜。在信息披露方面，有效信息披露不足不及时，竞争规则与程序透明度低，市场监管规则设置和法律法规不清晰，往往使市场参与者的正当权益受到损害。三是竞争不公。有的政策法规或行政部门行政、政法部门执法时，偏袒于国有企业、本地企业和外资企业，给以优惠，降低准入门槛或环保标准、产品质量标准，而对民营企业、外地企业和内资企业则给以种种刁难和不应有的限制，使它们在市场竞争中处于不利地位。由于法制不健全特别是执法力度弱，对商业贿赂、交易欺诈、制假售假、虚假宣传、侵犯专利、窃取商业机密等等违法行为打击不力，使市场环境的公平性公正性遭到破坏。四是无序。种种恶性竞争横行，商业诚信严重缺失，有的地方黑社会活动猖獗。五是要素市场不健全不规范。土地分国有和集体所有无法形成统一市场。劳动力受户籍限制难以自由流动。资金市场中股票发行与上市交易需经行政审批，暗箱操作多。技术市场基本上未走上轨道。六是价格体系未理顺。主要是行政垄断行业的产品与服务仍然由政府定价，致使价格严重扭曲，影响资源合理配置。

没有统一开放、竞争有序的市场体系，就不可能有"好"的市场经济，而只能是"坏"的市场经济。必须加快相关领域的改革，并且把相关改革同整顿市场秩序、加强法治与监督结合起来，持之以恒，才能真正使市场在资源配置中起决定性作用，使我国经济真正成为"好"的市场经济。其中，要着重抓好以下几件事：（1）

改革市场准入制度。主要内容：一是市场准入制度必须全国统一，不容许以任何借口歪曲、违反、拒绝执行或擅自修改、补充（废止、修改、补充权在中央），以防止出现不公开不公平不公正的竞争。二是实行负面清单准入管理法。政府颁布禁止和限制进入市场的行业、领域、业务等的清单，清单以外的，各类市场主体均可自由进入（即"非禁即入"）。通俗地说，就是把以往政府规定"只能做什么"，改为规定"不能做什么"。这一更改有重大意义，进一步明确了政府与市场的职能定位，大大拓宽了市场发挥作用的空间，缩小了政府的审批范围，减少了寻租机会，提升了市场竞争的公开性、公平性、公正性。（2）实行统一的市场监督。现在不少地方以发展经济为由，或明或暗地制定了一些分割市场、保护本地、限制竞争的土政策或潜规则，破坏了全国市场的统一性，破坏了社会资源的优化配置，从根本上说，由于拒绝外来的先进和保护本地的落后，对本地经济的发展也十分有害。因此《决定》强调要严禁和惩处各类违法实行优惠政策行为，反对各种垄断和不正当竞争。此外，还要在全国范围内强力打击市场上各种违法行为，特别是做假、欺诈、霸市、抗税、走私等，要有硬法规、硬手段、硬监督，而且要常态化，不是一阵风地搞运动。（3）建立全社会征信体系。要建立全国范围的个人、机构的信用记录，作为生产经营、投资、招标、借贷、流通、消费和遵纪守法等的重要信用依据，与此同时要建立信用奖惩制度，以促使所有市场主体、所有政府机构都依法依规办事，坚守诚信、公正、透明。（4）健全优胜劣汰的市场化的退出机制。产能严重过剩的一个重要原因是缺乏有效的市场化退出机制。市场经济的本质是通过自由竞争留优汰劣，让资不抵债的企业破产退出或与他人兼并重组，但政府不予干预、不"拉郎配"，政府要做的主要是健全相关法规、完善社会保障、开辟再

就业门路、组织职业培训等。

（七）切实化解地方债务风险问题

目前我国地方政府的债务巨大，其风险逐渐积累。据官方统计，截至2010年底，全国地方政府性债务余额为10.7万亿元。国家审计署曾抽查36个地方政府，结果表明，截至2012年底，本级政府性债务余额比2010年增长12.94%。有人估计，当前全国地方政府债务总额可能已超过20万亿元，还不包括隐性债务。多数专家认为，短期内发生地方债务系统性风险的可能性尚不很大，但必须高度警惕，着力治理，不能掉以轻心。

地方政府债务膨胀，有其深刻的原因。一是城镇化迅速推进，需要大量资金投入。在实行政府主导型发展模式和分税制的财税体制下，在"以GDP论英雄"风气的影响下，地方政府本能地具有扩大投资、多上项目的冲动，为弥补建设资金之不足，就往往直接出面借债。加上尚未建立起严格的立项、追踪、偿还、问责的机制，对政府出面借债缺乏必要的监督，以致越借越多。二是在推进金融市场化过程中，金融单位为寻求资金更多的出路，创造更多的业绩，加上考虑要与当地政府部门搞好"关系"、加深"感情"，就往往对政府借债"来者不拒"，或主动为之提供便利。三是有的地方尽管财政拮据，甚至是贫困地区，但为了扩大"三公消费"、建豪华办公楼、搞"形象工程"，竟也大肆举债。

清理地方债务，要做深入细致的工作：第一，开展全国性的大摸底，把"家底"摸清楚。不仅要摸清楚债务总额，贷款项目及立项理由，申请借贷单位及当事人、批准人，贷款单位及当事人、批准人，贷款使用情况及去向，贷款使用效果及还贷情况等等，还要摸清楚贷款项目建设运营与盈亏情况，现有动产不动产情况（包括土地、股权、基础设施、重要装备等），所欠债务是政府性债务还是独立经营的地方融资平台公司的债务等等。在此基础上，才能科

学评估债务风险，制定切实可行的清债方案与措施。第二，前些年由银监部门监管的信贷融资已受到严格监管，但近年非信贷融资规模迅速膨胀，目前对这部分融资尚无综合性监管，亟需健全机制制度，进行规范与监管。第三，大力盘活存量资产，通过资产证券化等方式，把部分资产转让，收回资金，清还债务，投入必要的建设项目。第四，积极引导民间资本参与地方融资，更多开放地方竞争性信贷市场。（5）建立地方政府市场化融资机制，包括可以按照《预算法》规定发行地方债券。这样既拓宽了合法融资渠道，提高地方资产和负债情况的透明度，又可促进债券市场的健康发展。（6）最关键的是，摒弃"以GDP论英雄"理念，改革政绩考核机制，使地方政府加强在社会管理与改善民生方面的职责，逐步放弃举债搞建设项目的路径依赖。同时，地方政府负债融资建设，决策要民主、透明，征求公众意见，经过人大审议与监督，并纳入地方预算管理。（7）深化财税体制改革和投融资体制改革，理顺中央与地方财权、事权的对应体制，明确地方政府负债融资的约束规范，建立债务审查、追踪、问责机制，硬化预算约束。

（八）进一步改善民生问题

改革开放以来，我国城乡居民生活实现了历史性的大跨越，由温饱不足到总体小康并向全面小康迈进，从1978年到2012年，城镇居民人均可支配收入、农村居民人均纯收入分别增长71倍和58倍；就业规模持续扩大，就业人员年均增加1075万人；社会保障事业从低层次到制度建立完善再到全面推进，全国参加城镇职工基本养老保险人数3.04亿人，参加城乡居民社会养老保险人员4.83亿人；教育、医疗和其他公共事业也有很大发展。当然，在进一步改善民生方面人民群众还有许多期盼，政府也还有大量事情要做。

缩小收入分配差距，就是一个关系民生改善、社会稳定、经济持续发展的备受公众关注的问题。现在行业之间、国企高管与一般职工之间、城乡之间、区域之间，实际收入差距很大，有的国企高管年薪达数百万、近千万元（而各部委部长也只有十几万元，企业职工一般更是只有数万元），群众意见很多。国际上用以反映收入分配差距的指标——基尼系数，有的学者估计我国已达0.5，远远超出0.4的红线。改革收入分配格局、缩小差距已成为我国一项当务之急，但由于它涉及不少人的实际利益，阻力很大，执政者应有足够的改革决心与勇气，同时应做科学的谋划与决策。初次分配是收入分配制度的基础部分，应按照《决定》的要求，"着重保护劳动所得，努力实现劳动报酬增长和劳动生产率提高同步，提高劳动报酬在初次分配中的比重"，让劳动者所得与其付出相匹配。在收入过于悬殊的国企，应坚决"限高提低"，建议高管平均年薪不得超过30万元（目前国资委规定为70万元，不大合理），一般职工平均不低于6万元，把高低比例从目前的几十倍上百倍降低到5倍左右。垄断行业与其他行业的平均年薪的差距，也应当予以缩减，保持在1倍以下。对企业工资，以及行业性、区域性工资，都要积极稳妥地推行集体协商制度，因地制宜提高最低工资标准。城乡之间实际收入的差距，官方统计目前约为3.3:1，但如加上城里人享受的各种福利待遇（隐性收入），就可能达到6:1左右。缩小城乡差距，关键在于政府要不断加大支农力度，包括财政支农（如转移支付、财政补贴、提高农产品收购价格等）、政策支农（如改革土地制度、户籍制度，鼓励发展城乡流通业、发展家庭农场等）、科技支农（如发布科技、市场信息，推广先进技术，组织技术培训等），让农民分享到更多的统筹发展与改革红利，不断增加收入。缩小区域之间的差距，则要求国家和东部地区加大对中西部地区发展的支援，特别是增加对革命老区、民族地区、边疆地区、贫困地区（目前农村贫困人口按2300元扶贫标准尚有9899万人）的转移支付，进一步做好扶贫开发工作，帮助它们治理保护环境、培育特色经济，改善生存与发展的条件。再次分配应当更加注重公平，主要是综合利用税收、社保、转移支付等手段，来弥补初次分配中可能因要素占有不公平而形成的"短板"，其中税收是最重要的手段，应下决心提高高收入者的税负和减轻中低收入者的税负，提高消费税，以利于形成低收入者和高收入者均占少数、中等收入群体持续扩大的橄榄型分配格局。

健全社保体系，实现更高质量的就业，理顺价格体系和防止通货膨胀，优化公共服务和创新社会治理等等，都与改善人民生活、保持社会稳定息息相关，都需要加强或改进。目前我国的社保覆盖面还很小、水平也很低，如何把社保基金做大是健全社保体系的关键问题。一个思路是，参照发达国家的经验，把国有企业的实现利润上缴比例，从目前的不足10%提高到50%~60%，其中相当部分拨入社保基金；其余的40%~50%留归企业，主要用于技改、研发、扩大再生产、储备和职工工资福利（对国企的工资福利，国家应有原则规定）。这样不仅可以不断壮大社保基金，而且有利于企业本身的发展和限制企业搞超高工资福利与奢华浪费，更好实现社会公平。

（九）做好政府改革这篇大文章问题

新一届国务院组成后，立即大力推进政府改革，以简政放权为重点的行政体制改革率先发力，先后几次取消和下放行政审批项目共402项（截止2013年12月上旬），减少国务院正部级机构4个、国务院组成部门2个，有力地激发市场活力和社会创造力、推动经济稳中向好。但是这只是政府改革这篇大文章的"开篇"，更重要更精彩的事情还在后头，要继续把这篇文章写下去。（1）目前国务院各部门还有1500多项审批项目，地方政府层面的审批项

目则多达1.7万项，简政放权的任务远未完成，政府规制中仍存在管得过宽过多过密的情况，而且有些部门基于自身利益不愿下放审批权力，或者只下放不重要或没有收益的权限，甚至边下放边增加。因此，应该把简政放权继续深入搞下去，坚决破除各种阻力，把该简的都简掉、该放的都放掉，不容许"打马虎眼"。（2）转变政府职能。首先是政企必须分开，政府不应该是管理型政府而应该是服务型政府，为企业的健康发展创造条件、提供服务，而不要去"管"企业、干预企业的生产经营和"吃喝拉撒"事。《决定》概括的政府五项职能，即宏观调控、市场监督、公共服务、社会管理、环境保护，就是向服务型政府转型的目标。各级政府应坚持不懈地朝这个方向努力，真正把职能转过来。（3）实现依法行政。当前最迫切的是行政立法建设，使行政组织的建立、职责、运作、开支、考核、问责、奖惩等都有法可依，使公务员的行为和操守都有章可循，特别是要杜绝贪污、腐化、奢靡、挥霍、浪费的漏洞，做廉洁、节约的楷模；要勤政、务实、高质量、高效率，成为人民满意的公务员。目前这些方面的问题不少，必须依靠法制的威慑和严格的监督与教育，持之以恒地抓。从根本上说，这才是政府改革的主要内容和目的。

（十）以改革统领全局问题

《决定》的制定与发布，是2013年及今后一个长时期的重大历史事件，将对我国经济社会的改革与发展产生巨大的影响。现在，推进改革已成共识，落实《决定》翘首以望。为此，有三个问题需要抓紧解决：第一，根据《决定》的指导思想与原则意见，采取调查研究、集思广益的方式，对每项改革拟出具体的行动计划或路线图，该细化的尽量细化，需要补充完善的予以补充完善，使之成为可以遵循执行的细则。第二，贯彻落实《决定》是我国一个相当长时期的核心任务，不可能一蹴（下转第36页）

我国工业结构的概况和主要问题

高 梁

（国家发改委经济体制与管理研究所，北京 100035）

一、随中国的工业化改变了世界经济版图

纵观新中国成立60多年来，工业的高速发展是带动经济崛起的第一动力。

新中国成立之初，我们是一个贫穷的农业国，人均收入仅27美元。1952年国民总收入680亿元，其中工业仅120亿元。计划经济时期，我们集全国之力建立了独立完整的工业、科教体系和初步配套的基础设施体系。这是日后经济起飞的物质基础。

1978年，我国工业增加值1600亿元（占国民收入的44%），2012年增至20万亿元（实际增长20倍，其中发电量增15倍）、占GDP的39%；工业规模从1978年的世界第十位升至第一位，占世界工业总量的19.9%。220多种工业品产量居世界第一位。钢铁、水泥、原煤、电解铝、造船产量占世界份额的45%以上。工业技术进步的速度也大大加快。这的确是世界经济史的奇迹。

近20年经济高速成长的首要因素是工业增长的拉动。其动因，一是改革激发了整体的经济活力，二是大量引进加快了工业的技术升级，三是1992年走上了出口导向的发展路子。全球经济一体化，西方产业细分外移，跨国公司将低技术加工环节转向东亚低工资国家和地区。我国扩大开放，沿海特区的"招商引资、加工出口"模式在内地推广，东部地区形成外资唱主角的面向世界市场的工业带。出口带动原材料和加工设备，以及交通、商贸、金融和各类三产的发展，然后是城镇扩张和基础建设的发展、居民消费的升级（电子通讯、车、房）。

2002~2007年经济高速成长期，出口年增28%，投资年增25%，居民消费年增16%。期间外贸依存度一度达70%，这在一亿人口以上的大国，只有中国一家（2012年降至47%）。13亿人的市场无法消纳巨大的产能。如2012年国内生产了11亿部手机、3.7亿台电脑、1.1亿台电视；纤维加工量占世界市场1/3，家电出口占世界市场的25~40%。另一方面，进口货物除能源、铁矿等大宗原材料外，主要是电子元器件、零部件和高技术工业设备。这就是说，在"内需不足"（相对于产能和居民支付能力）的同时，很大一部分"内供"的能力还有待于开发。

20年的出口导向型发展，我国经济在相当大的程度上"融入"了国际分工体系，但仍处于国际产业链的中低层次。这是我国工业结构的基本特点。

2008年以来，西方经济衰退，我国出口受阻。人民币升值、国内工资成本上升，低水平"出口导向"式的增长乏力。现有结构的弱点越来越明显。2009年"8万亿投资"刺激内需，造成冶金建材等初级产能进一步过剩、城市房价暴涨和新一轮"圈地运动"。如再以缺乏实业支撑的"城镇化"刺激经济，则将更加剧结构矛盾。

这一切说明：我国工业以目前的结构和技术能力，再进行平面式（或数量型）发展的空间已经十分狭窄。要保持经济持续健康发展，就要转变发展方式，首先要调整发展战略思维：要把工业结构的优化升级作为中心任务，产业技术政策、开放政策、宏观调控政策，以及经济改革，都以这一任务的需要为转移。

二、工业所有制结构：全球化环境中的产业自主性问题

1992年后的十多年，工业领域进行了大刀阔斧的改革。国有企业下放经营管理权，全面股份化改制，取消亏损企业的信贷支持，实现"自主经营、自负盈亏"；撤销各行业主管部门、部属重点企业下放地方，实行"政企分开"；取消工业装备进口替代政策；鼓励发展非公企业、对外资实行普遍优惠政策等等。

在此期间，工业所有制结构经历了剧烈变动。国企效益普遍下降、大面积破产或通过MBO等方式转为私有/三资企业。约6千万职工下岗，原有的企业技术队伍损失惨重；社保体系建设滞后，社会普遍不安，社会分层明显化，理论界随之分化。2006年后，振兴东北等老工业基地、振兴装备制造业等措施出台，缓解了私有化、外资化潮流，暂时解除了工业核心部门的生存威胁，并使之焕发了生机。

（一）当前工业中各类经济成分分布情况

相关表格如表1、表2所示。

国有经济：重点矿山、煤油气田、电力、石化、冶金、交通运输装备（铁路、造船）、军工等大型战略性或命脉性行业，仍由中央企业控制。

一般装备、化工、造纸、制药、建材等行业，三种经济成分激烈竞争。国企在装备制造业产值中占1/4（电子、仪器仪表仅1/10），其中为国防和基础工业提供重大装备的"国宝"级企业，近10年获得多项重大技术突破。

民营（私营＋各类非国控股份制）：已锻炼出一批大型企业（如华为、三一、吉利、比亚迪），但绝大多数为中小企业，许多是为大

2010 年中国工业各类经济成分基本指标（与 1998 年的比较）   表1

经济成分	企业		产值		总资产		从业人员	
	万个	2010/1998	万亿	2010/1998	万亿	2010/1998	万人	2010/1998
国有	2.02	0.31	18.59	5.53	24.78	3.31	1836	0.49
私营	27.33	25.54	21.33	101.57	11.69	77.93	3312	20.6
三资	7.40	2.8	18.99	11.30	14.86	6.98	2646	3.41
总计	45.29		69.86		59.29		9545	

资料来源：中国统计年鉴

工业总产值（规模以上）各类经济成分的比重（%）   表2

经济成分	1984	1992	1999	2005	2010
国有	69.1	51.5	48.9	33.3	26.6
集体	29.1	35.1	17.1	3.4	2.1
私营				19.0	30.5
三资			26.1	31.7	27.2
其他	1.2*	13.4*	7.2**	12.6	13.6

* 私营＋三资   ** 含私营

资料来源：历年中国统计年鉴

型企业配套。除十几万家高技术企业外，民企总体上处于过度的低成本竞争，资金不足，组织力弱，急功近利，缺技术、眼光和能力，尚不具备"创新主体"的实力，难与跨国公司抗衡。

三资（外资＋港澳台控股）：我国累计吸收FDI超1.3万亿美元，外企在许多行业已位居前几名，反客为主。外企独资比重不断提高。外资在纺织服装、轻工类、电器设备占销售额30%~40%，一般装备制造业占40%~50%，电子通讯、仪器仪表占70%~80%。轮胎（橡胶）、水泥、玻璃、电梯，前几大企业均为外资；在电机、工程机械、工业锅炉、工业汽轮机、低压电器等行业的重点企业，都有被外资"斩首并购"的情况。外资占据主导权的典型领域如自行车、日用化学品、西药、肉制品、饮料、粮油加工等；外资还向农业、种子、物流（流通）、快递、零售（超市）、农产品储运网、城市供水供气、金融及各类服务业（会计、律师、咨询、信息）延伸。

很多致力于改革的学者，孜孜不倦于警惕"国进民退"，实际上这是一个伪问题。近10年，国企在工业总产值中的比重每年降低1%~1.5%个百分点。现在最需要国企做的是克服弱点、做强做大。真正值得我们警惕的，是外资对我工业体系的完整性的威胁。工业自主性是经济自主性的基本支柱，也是国家主权的保障，这是先辈们用献血和汗水为全民族挣得的家底，来之不易。

（二）当前我国工业结构的基本情况和主要问题

我国工业规模的迅猛扩张，给不少人以错觉：似乎我们已经完成了工业化的任务，进入了后工业化时代，下面的任务是仿照西方，大力发展三产。

我国工业的特点是大而不强，工业大国，又是品牌和知识产权小国。我国工业平均增加值率是26%左右，比发达国家低3~8个百分点。

中小企业数量大、产业集中度低、过度竞争，企业协作和行业整合机制弱；行业技术研发、国际营销能力不足，缺乏足够的内资大企业作为凝聚行业的骨干。

工业结构偏重劳动密集型出口加工业和原材料工业。工业产值中原材料约占一半（矿、能源、冶金有色、建材），制成品中消费品占一半。中低端产能严重过剩，高端产品基本无供给能力、受制于外国（外资）。工业增长主要靠量的平面扩张，很多行业缺自主核心技术。关键核心技术对外依存度超过50%，先进技术和装备引进复引进、消化创新乏力，被动追赶。工业界估计，我工业技术水平和发达国家的总体差距约10~15年。

我工业产值的1/4用于出口（工业品占总出口额的90%多），出口总值的60%（电子通讯的90%）由外资完成，出口的50%是贴牌组装加工（三来一补）。出口工业品主要是纺织、轻工、电子通讯、机电产品及部分原材料。2000年以来，出口额中装备类产品的比重迅速上升到50%，但高端设备和零部件占进口的比重也达到50%左右。

沿海出口加工业已"融入"西方主导的国际分工体系，和国内产业关联性较弱。跨国公司掌控全球产业链的高附加值环节——研发设计、高端加工、营销（订单、运输、金融保险）、客户服务（如工业装置、民机运行的远程监控维护），即"微笑曲线"，中国厂商处于底部简单加工环节。贴牌产品出厂售价仅占总价值链的10%强。持续30多年"招商引资、借船出海""不求所有但求所在"，本国企业跨国营销的能力没有形成，反养成依赖洋人、甘当国际"打工仔"的心态。

这一切都说明，我国沿海地区以出口加工业为支柱的发展根基之脆弱。出口加工附着于西方产业体系"微笑曲线"的底部。如东莞衬衫出厂价，仅为美国零售市场价格的不到20%，分处于"微笑曲线"两端的设计、品牌、国际贸易、金融服务等"高附加值三产"是跨国公司的收入，计入其所在国的GDP。这就是西方加工业比重越来越小和三产比重越来越大的根本原因所在。他们的"后工业化"恰恰是建立在后发展国家"承接产业转移"的初级工业化的基础之上。我们分析产业结构和体制改革，都不能离开经济全球化这一基本事实。靠餐饮、理发之类的三产不可能发财，只有掌握自主知识产权和提高国际营销能力才有"可持续发展"，这应该成为共识。

我国纺织业占有国际市场的30%，但高端纤维、高级面料基本靠进口，纺、织、染整各工序的机器设备大部分靠进口。大量出口坯布，染整后再进口，低出高进。纺织工业是充分竞争行业，主体是民营和外资企业，但品牌、技术和中间产品都不是自己的东西，这就不能用"政府权力太大"来解释了。

装备制造近来有很大进步，但同样是低层次产能过剩，大部分核心技术（整机设计和系统集成、材料、控制、高端元器件、零部件）还是"瓶颈"，依赖进口或外资。国产装备国内市场满足度不到60%。

机床是综合国力的支柱。国产高档机床的市场占有率不足5%，中档以上机床的数控系统、功能部件（如伺服机构、刀具量具等）的自配率不足20%。数控机床成本的40%、工程机械成本的60%，用于进口零部件。

汽车年产近2000万辆，其中轿车1000万辆，合资公司及外国品牌占有80%整车市场和60%的零部件市场（汽车电子、发动机等高端零部件占90%）。

工程机械近10年爆炸式地增长（中资占一半以上），但进口零部件费用占出口额的40%。

高技术领域的对外依赖程度更高。计算机、手机、彩电等终端电子产品产能巨大，其高端芯片的80%、液晶面板的70%靠进口（2011年集成电路进口用汇1701亿美元，仅次于进口原油1911亿美元）。国内500多家集成电路设计公司的销售总额，仅为美国高通一家的50%；电子百强利润的总和相当于苹果的41%。高级电子加工设备（如半导体加工）被西方卡脖子。我们是光伏电池第一生产大国，光伏电池的基本材料——多晶硅，国内只能生产粗料，要拿到国外加工成精料，耗能与污染全留在国内。国家对这些行业的支持只限于补贴或引进技术，不太注重组织核心技术的攻关。

缺乏自主核心技术，使我们的国民收入大量外流。每部国产手机售价的20%、计算机售价的30%、数控机床售价的20%~40%用于向外国厂商支付专利费；DVD、电视、光盘、刻录机、数码相机……均要向外国交专利费。我国工业平均销售利润率仅5%，而美国INTEL从未低于30%。

三、对发展指导思想和政策的反思

改革开放是为了激发经济活力，方便国内外经济技术互动，吸收消化国外先进技术，加强自身实力。改革不能放弃社会主义基本制度，开放不能放弃本国经济主权和产业主导地位、当外国附庸。这是基本的底线。

我们的经济理论界拘泥于30年前的思维定式，存在着若干认识误区；我们的改革与发展政策也相应地受到不小的影响。

（1）迷信"市场化、自由化、全球化"教条，"为改革而改革"、将改革开放和发展战略相脱节。片面强调"破除国企垄断、鼓励非公经济"、忽视国有经济在关系国家安全和经济命脉的领域保持控制权的重要性；片面强调"减少政府干预"，无视后进国家政府推进产业升级必须承担的重要职能；过分强调保护企业家利益、忽视全社会利益。

（2）改革政策的着眼点仅限于推进国内市场化，对开放条件下国内市场面临跨国公司的强势竞争，缺乏清醒认识和应对战略。迷信自由贸易、开放不讲分寸，片面强调开放"开放促改革、开放有利于发展"，无视开放、安全、发展之间的辩证关系。对外资单方面优惠，放任外资挤占国内市场和产业阵地。

（3）经济发展战略受"惟GDP、比较优势论"影响，片面宣扬"承接西方产业转移"、"外资就是中国企业"等错误理论；片面强调"市场换技术"、依赖外资的"技术溢出"。淡化或背弃以我为主、引进消化、促进本国产业和技术进步的方针。科技体制改革一刀切地将各工业行业应用技术研究院所转制，中断了行业共性技术的研发进程，行业技术服务功能衰落。

我国多数工业企业因规模、资金、技术能力所限，目前还缺乏充当创新主体的条件，如没有行业级共性技术的研发推广，多数企业只能通过照抄、买技术或合资获得新技术。目前我国大中型企业中2/3没有研发机构，3/4没有研发活动；大企业研发投入仅占销售收入的1.5%（发达国家大企业5%、高科技企业10%）、99%没有任何专利。

在实际工作中，习惯于依赖外资、分头引进，企业间、地区间自相残杀。对西方技术封锁被动应付。"懒汉哲学"再度盛行，压制自主创新的意志和能力，陷入引进－落后－再引进的恶性循环。

四、创新驱动、转型升级是之本之策，也是当前的紧迫任务

国际贸易形势恶化、人民币升值、工资水平上涨，持续20年的"比较优势、大进大出"发展模式已走到尽头，产业升级任务紧迫。沿袭旧的"招商引资"发展思路（"腾龙换鸟"），是没有出路的。转变发展方式首先要扭转旧的发展思维。

今后经济发展的核心，要从量的扩张转为质的提高、从GDP导向转为国际竞争力导向。核心是以工业自主技术进步与结构升级为中心

的结构调整。这是提高人均收入的根本。城镇化、农业现代化和第三产业的发展，都要建立在工业现代化的基础之上。

经济改革本身不是目的，改革开放要为国家的工业现代化战略目标服务。

（一）国企股份化改制的任务已经完成，要重视发挥骨干国企的战略作用

现在所剩不多的国有企业，国家经济命脉和关系国家安全的领域必须占据主导地位。一些既属于竞争领域、又具有战略性的行业（如装备制造）中，现存的国企处于行业龙头位置，且事关工业体系的完整性。这些企业经过多年的竞争考验已经适应了市场环境，在过去10年为我国制造业的升级做出了巨大贡献。所谓"国有企业不适应市场"是书生的臆造。在国内竞争国际化、多数民营企业技术竞争力不足的国情下，我们的国有企业是贯彻国家意志、抵御西方冲击侵蚀的中流砥柱，是国家经济独立的根基，是未来科技－产业升级的根据地。今后国企的主要任务是规范企业治理，强化创新功能。对国企的监管，不能简化到单一的"资产管理"和"红利上交"，要突出国企在自主创新－结构升级战略目标的骨干作用。

（二）正确发挥市场作用，同时也要发挥好政府的作用

价值规律是基本的经济规律，市场是配置经济资源的基本参照系。但政府对经济的干预范围和形式，要根据实际的需要，没有统一的尺度，不是"越少越好"。任何国家都不遗余力地支持本国的战略产业。如果照搬新自由主义教条、放弃产业政策，就正中竞争对手下怀。我们的失误不是政府干预太多，而是市场开放过度，政府对经济活动的管理有的地方"过多"，而对产业升级的支持不够有力。

（三）产业升级战略离不开政府的积极干预

实行创新驱动战略，建设创新型国家，需要综合发挥政府－市场－微观各方面的积极作

用，正确处理竞争和协同的关系，正确处理开放性－自主性的关系。国家的职责是：出面制定科技及产业发展规划；动员社会资源，协调各方力量建立"官产学研用"协同攻关，以重点突破带动整体跟进；破除从科研到产业化到市场各环节的体制障碍、调动各领域、各层次、各地方的能力和优势；有限的产业支持和市场保护政策。这应该是围绕产业升级战略的体制改革方向。

（四）要旗帜鲜明地保护自己的市场和本国产业

产业政策和市场政策是相通的。后进国家的工业，在严酷的国际竞争中，不同程度地处于竞争弱势，封闭市场过度保护则"养懒"本国工业、无从进步，市场过度开放则使民族工业无力抵御外资的强势竞争。追赶型战略必须制定合理适度的产业政策和市场政策，使本国工业得到合理的竞争锻炼而成长。"全面开放倒逼改革"的主张，无视现实结构特点和国家发展战略利益、无视全球化的严酷环境，"为改革开放而改革开放"。这会彻底毁灭我国自主的工业体系。涉及工业现代化核心的装备制造业、电子通讯等高技术产业，为打破外资／进口产品的垄断，建立市场信誉，实行政府采购（包括重大装备首台首套采购的支持政策）是关键措施。开放的底线是确保民族工业的独立自主性，开放目标是为我所用，而不是当西方附庸。

（五）放开投资同时也需要加强产业政策

减少政府审批有助于鼓励民企投资。但大量民企的投资属于短期行为，在鼓励投资的同时，也不能忽视对各地房地产热、"小煤窑、小纸厂、小水泥"等低水平重复建设的管理。刺激投资的根本任务，是要引导社会资金投向技术研发和产业升级等具有长期战略性的领域。

（六）要制定全面的产业组织政策

强调"支持小微企业"，便于扩大就业，背后的潜台词是放弃对大型国企的支持而重点扶持私人小企业。工业结构是大中小企业并存，一个大的整机制造厂往往带动几十、上百家配套企业。许多大企业面临跨国巨头的竞争压力，一旦垮台，众多小企业也站不住。绝大多数私人小企业，技术积累、队伍、资金、信誉均不足。合理的产业政策和融资政策，还是应该以大带小，把骨干龙头抓住，才是抓"牛鼻子"。

（七）城镇化和产业升级的关系

城镇化是由工业及其派生的商贸运输等业带动的。没有实业作为支柱，靠零售餐饮等低端三产无法带动经济持续增长，吸纳就业有限。城镇建设必须依靠实业支持的财政支出，超前发展则呆坏账无法消化。许多地方以城镇化为"抓手"，搞土地财政，房地产－金融泡沫已成气候。绑架了银行与地方政府，助长腐败，加剧官民矛盾和贫富分化，不遏制终归会崩溃。

当前我国工业低端产能严重过剩，东部大量中小企业退出。其原因是长期的低水平增长造成过剩，客观上被迫"长线截短"。当前工业经营环境的恶化是由多方面因素造成的。政策环境支持企业研发升级乏力；偏爱外资压缩民族产业空间。地方土地财政－房地产高烧不退、大量吸纳资金、抬高利率，再抬高房价（资本价格），加上大量社会游资热衷哄抬房地产价格，形成"楼市－钱市"自我加强循环，即金融泡沫。利率提高则恶化工业融资环境。在此情况下，如果不先用税收等办法遏制房地产热、冒然放开利率、降低金融门槛，可能进一步恶化工业融资环境。外资企业一般比内资企业融资条件好，受打击的将是内资工业、特别是一般竞争行业和民营工业。

总之，持续多年且愈演愈烈金融房地产泡沫，本身是平面式数量性（忽视产业升级）增长的结果，它本身造成的既得利益集团（国外工业集团和国内金融＝房地产泡沫集团），成为阻碍产业健康发展升级的障碍，是可持续发展的大敌。⑤

我国企业走出去面临的问题及对策建议

程伟力

（信息中心国家经济预测部，北京 100045）

国际金融危机的爆发导致世界经济格局发生重大变化，作为发展中大国，我国的国际经济影响力不断增强，对外投资迅猛发展，这对拓宽国际市场、促进东道国经济发展都产生了重要影响。但我国企业走出去的历史不长、经验不足，总结近年的经验教训，对提高企业走出去水平不无裨益。

一、走出去面临的外部问题

（一）部分国家政局稳定性欠佳

和平是当今世界的主题，但一些国家政局稳定性较弱，少数国家受到战争的威胁。一些国家虽然不会爆发全面战争，但地区安全局势欠佳，如 2013 年 3 月以来，盘踞在刚果（金）东部地区叛军多次与政府军交火，2013 年 11 月下旬，更是一举占领了北基伍省省会城市戈马，导致刚东三省局势进一步恶化，部分城市发生群体性抢劫事件，一些企业被迫暂时撤离。由于刚政府控局能力有限，该地区安全紧张局势短期内无法得到更本性改变。我国在上述三省从事经贸合作投资业务的企业面临的安全风险有增无减。另外，不少发展中国家实行多党制，在民族矛盾以及西方势力的干预下，也容易出现短暂的动荡。

（二）宏观经济波动对企业经营产生严重影响

其一，通货膨胀导致企业生产成本上升。一些发展中国家尤其是非洲国家物价快速上涨，导致材料价格不断上升，增加了企业生产成本。与此同时，土地租金也水涨船高并严重影响企业运营，毛里塔尼亚某农场项目，由于没有对土地租金的快速上涨和该国对粮食最高限价的风险缺乏足够重视，导致该项目严重亏损，被迫放弃。其二，人民币升值导致外汇企业蒙受汇率损失。如中国某水电企业在刚果（金）承包的一项工程，合同约定的汇率是 1 美元兑 7 元人民币，2013 年 7 月时的汇率变为 6.137，由此给企业造成两千多万美元的损失。其三，行业周期影响企业业绩。以矿业为例，前几年大宗商品价格上涨加快了我国企业海外并购或直接投资，但 2013 年矿产品价格低迷在很大程度上影响了企业的效益，部分企业面临亏损的风险。

（三）土地纠纷影响企业正常运营

一些发展中国家土地管理十分混乱，"一地多证"、"一地多主"现象时有发生，据当地媒体报道，某国民事纠纷中约 80% 涉及土地纠纷。我国企业在当地购买／租赁土地虽然均通过正规渠道获得，但仍会面临一些意想不到的土地纠纷案件发生，打官司亦往往是两败俱伤。如某中资企业与该国农业部签署合作协议，在农业部提供的 2.5 公顷菜地种植蔬菜和养猪，曾取得一定的经营效益。但由于所用土地存在较大的土地纠纷，当地一个声称对该土地拥有所有权的农民多次雇佣当地军警武力驱赶在该地块作业的两国工作人员。虽经多次交涉，政府甚至通过内政部逮捕了相关肇事者，但该农民动用武装干预事件仍屡屡发生，我国企业人员和财产安全受到很大威胁，并蒙受较大经济损失。目前，该企业处于进退两难的局面。

（四）部分项目缺乏有力的金融支持

国外的一些项目发展前景虽好，但在执行的过程中发现见效慢、存在较大的经营风险，一些银行停止执行贷款协议，导致项目陷入困境。如某国项目，双方企业采取"矿业开发＋基建工程"一揽子合作模式，是目前我国在该国投资规模最大的项目。该项目完成了在国内的全部报批手续，矿业项目勘探、试验、可研等前期工作取得了重要成果，首批急需基建项目实施顺利，正在项目如火如荼地进行过程之中，原银行不再提供信贷支持，企业被迫调整原有方案，并不得不把更多的精力用于融资谈判之中。

（五）我国企业管理能力亟待提高

我国企业普遍缺乏国际化运作经验，缺乏对当地政府、工会、社会组织、文化、风土人情的了解，当地员工不守时、低效率但擅长罢工，实现本土化有一定难度。另外，中方管理人员和普通工作人员流动性强也影响企业的正常运营。另外，国内企业对海外企业采取年度考核模式，这样必然导致企业的短期行为。

（六）缺乏我国的行业标准

一些发展中国家尤其是非洲国家没有自己的行业标准，在此情况下一般采取欧洲或其他发达国家的标准，在此情况下我国企业受制于外方，在市场准入、后期的风险防范、索赔和反索赔方面陷入被动。

（七）少数国内企业社会责任意识薄弱影响企业形象

以在刚果（金）投资的企业为例，少数矿业企业对履行社会责任重视不够，已受到刚方有关部门警告。根据加丹加省2008年3月22日发布的省长令规定，所有在该省境内从事矿

业开发（开采和出口矿产品）的企业必须承担至少500公顷以上面积的农业用地开发。但截至目前，我国在该省从事矿业开发的8家企业中仅有2家企业完全达到了要求，尚有部分企业没有任何行动。加丹加省政府曾先后多次发布公告，对未落实省长令的企业提出警告，其中也包括少数中资企业。如长期以往，势必影响中国企业形象。

（八）不良社会舆论对我国企业造成负面影响

在西方舆论操控及其他因素的影响下，一些发展中国家居民反华、仇华心理有所抬头，把中国的对外投资妖魔化为新殖民主义，在此情况下我国企业生产运营受到严重冲击。极端的案例是2013年加纳非法扣押我国淘金者。当然，我国企业自身也存在一些问题，如环保意识较弱、不懂宗教戒律，一些不良生活习惯（如爱吃野味）同当地居民格格不入，遇到问题习惯于用中国式思维方式解决。

二、政策建议

（一）加强宏观指导，加大金融支持力度

对一国政局和宏观经济发展趋势的准确判断是对外投资成功的关键。我国有众多的对外投资促进机构，建议政府整合这些资源，加强对东道国政治、经济、法律等国情的研判，推进我国行业标准，有效化解宏观风险。同时，鼓励金融企业走出去，加大金融对中资企业的支持力度。

（二）树立在东道国为东道国的思想，主动承担必要的社会责任

首先，应关注民生，自觉履行企业的社会责任。以安徽外经建设公司为例，该公司帮助当地农民兴修水利、公路、医院和学校，提供住房和就业机会，在这种情况下企业的投资受到当地的欢迎，居民的拆迁没有遇到任何阻力。其次，在技术和设备方面统筹考虑适用性和先

进性，积极促进东道国技术进步。第三，加大东道国经济社会发展瓶颈领域的投资，根据各国资源禀赋帮助东道国发展工业，通过经济发展促进政治和社会的稳定。第四，要关注热点问题。要关注企业自身业务发展可能给当地资源、环境、劳工、安全以及社会治理等方面带来的问题，以免引起当地居民的反感和抵制。其中，劳工问题不仅涉及工薪待遇问题，还包括工作环境、加班时限和社会安保等；环境问题包括工业生产造成的环境问题，以及开发资源引起的生态保护问题等。第五，要重视安全生产，强化基础管理。尤其是在建筑、矿产等高危行业的中国企业，一定要做好安全防范和引导，加强制度建设和安全投入，避免安全生产事故的发生。最后，要尊重社会公德。中国企业及其工作人员，在当地从事经贸活动，要知法守法，入乡随俗，不做违反当地法律和社会公德的事情，对民族形象、企业声誉与品牌建设负责。

（三）自觉融入主流社会，密切与当地居民的关系

走出去的企业应积极融入当地主流社会，同社会各界建立全面合作关系，让企业成为当地社会的一员，了解和尊重当地的文化习俗和文化禁忌，处理好与当地居民的关系。首先，要了解当地文化并学习当地语言，了解与之相关的文化禁忌和文化敏感问题，对中国企业建立与当地居民和谐关系非常重要。其次，实现人才本土化，尽可能聘用当地员工，培养并留住当地人才，有效促进就业、减轻贫困。这样，既可加强企业与当地居民的沟通，又可借助他们向当地居民传递中国文化。最后，参与社区活动。企业要积极主动参与社区的活动，把自己当作社区的一员，根据社区的发展需要和居民关注的热点，适当投入一定的人力和财力，参与社区的公益事业，履行必要的社会责任，拉近与当地居民的距离，赢得更广泛的认同，

扩大中国企业在当地的影响。

（四）妥善处理与工会的关系，采取有效的措施提高工作效率

首先，要知法。企业进入非洲从事投资合作，要全面了解当地《劳动法》和《投资法》，熟悉当地工会组织的发展状况和运行模式，尊重当地员工成立工会的权利。其次，要守法，在非洲从事投资合作的各类企业，在雇佣、解聘和社会保障等方面，必须严格按照《劳动法》的相关规定，与员工签订雇用合同，按时足额发放员工工资和缴纳社保基金及医疗保险金，并对员工进行必要的技能培训。在解除雇用合同时，必须按规定提前通知员工，并支付其相应的解聘补偿金。再次，要擅长沟通，在日常生产经营中，企业要与工会组织或工会代表保持必要的沟通，了解员工要求和思想动态，进行必要疏导，发现问题及时解决。最后，营造和谐氛围，要重视建立和谐的企业文化，激发并保护员工的爱岗精神，增强员工的凝聚力和创造力。遇到问题，可以通过协商、谈判或仲裁机构解决。更为关键的是，我国企业需要采取有效的措施提高工人工作效率，在这方面我国一些企业也取得了成功经验，如在肯尼亚的某旅游企业，采用我国全勤奖的方式激励司机守时，执行这项措施之后，迟到现象完全消失。

（五）依法保护生态环境，实现人与环境的和谐

首先，中国企业应自觉遵守当地环境保护法规，并教育职工遵守环保、环境卫生管理条例，做文明企业，避免随地堆放材料、淤泥、垃圾等。其次，企业对于生产经营中可能产生的废气、废水和其他影响环保的排放物，要事先进行科学评估，在规划设计中选好解决方案。再次，要根据当地环保部门的要求，制订有效的环保规划，并切实加以执行。最后，对施工现场周边树木、草地绿化要妥善保护，未经绿化主管部门批准，不准乱砍乱伐移植树（下转第40页）

中资企业海外投资再思考

常 健

（国家发改委研究所，北京 100035）

摘 要： 中资企业海外投资遍及全球，已经成为全球第六大海外投资国。然而，以国有经济为主的投资企业，无论是在投资决策还是在经营管理上，都是屡败屡战，闻名全球。究其原因，无外乎体制、机制，投资决策失误，经营管理漏洞，没有制度问责。本文就一些中资企业海外投资案例进行反思，提出加快中资企业体制改革的意见建议。

关键词： 中资企业；体制改革；海外投资

改革开放以来，中资企业海外投资发展迅猛，2011 年中国对外直接投资 746.5 亿美元，是 2002 年的 27.6 倍，全球排位从第 26 位上升至第 6 位。2011 年底，中国有超过 1.35 万境内投资者在国（境）外设立企业，总计 1.8 万家，对外直接投资存量为 4247.8 亿美元，遍布 177 个国家（地区），占全球国家（地区）总数的 72%，2011 年末境外资产总额近 2 万亿美元。

与此同时，也看到中资企业海外投资决策失误的案例比比皆是。一个公司在一笔投资上出现的失误或许有偶然性，但这么多的公司从事的一系列海外投资一片败绩，这就不能不从机制上寻找原因了。

一、中资企业海外投资案例

从地区分布看，在中国对外直接投资中，八成流向发展中国家。本文引用曹可、汪晓娟发表在《中国发展简报 2012 年秋季刊》上的文章《中资企业海外投资观察》所述内容，结合其他案例进行研究分析。

中资企业在柬埔寨的投资状况具有典型意义，第一，投资地是发展中国家；第二，与我国的关系亲密友好；第三，自然资源条件优越；第四，生态环境条件优越；第五，生产力、科技发展水平不高；第六，中资企业占绝对优势。

下面看看中资企业在柬埔寨的投资状况。

1、柬埔寨的投资背景

柬埔寨在 20 世纪后半叶曾经历过长期动荡，1992 年实现政治和解，但直到 90 年代末政局才开始稳定，然而时至今日仍有众多历史遗留问题。例如，即便在首都金边，地契确认和发放的工作仍没有完成。作为联合国开发署认定的"最不发达国家"之一，2007 年全国性统计显示三分之一的柬埔寨人口生活在每天 0.6 美金的国家贫困线之下。柬埔寨严重依赖国际援助，2010 年各援助国认捐 11 亿美元，是当年柬政府支出的一半。由于国际社会的介入和影响，柬埔寨的非政府组织、反对派和媒体的空间都比较大。尽管实际力量存在争议，柬埔寨非政府组织数量众多，有些非政府组织可以参加政策层面的对话，柬政府有时也会就政策制定和具体项目的开展征询非政府组织的意见。

大力吸引外资、发展经济是柬埔寨政府的一项重要任务，他们尤其重视土地特许经营（农业种植园）、房地产、水电、矿产、油气等资源开发类行业的发展。然而，这类项目大多牵扯移民、生态保持及恢复等问题，与民众和环境利益紧密相关，容易引发纠纷。

对当地公司来说，房地产开发和种植园建设引发的纠纷最为常见。对于国外公司来说，面临的情况可能更为复杂，比如法律法规政策的不同、文化语言和社会形态的差异，项目可能涉及地缘政治博弈、民族情绪、贸易保护主义讨论等。

近年来，在社会和环境方面责任标准比较高的国际机构和跨国公司在柬埔寨频频陷入漩涡。尽管以扶贫为主要宗旨而非以投资盈利为目的，亚洲开发银行和澳大利亚海外发展署联合支持的正在开展的铁路建设项目也被非政府组织批评移民安置问题严重，实施过程不符合自己制定的规章制度。必和必拓在2008年的一个探矿项目被国际性非政府组织曝光，其声称的"社区发展基金"实际上作为"喝茶费"给了政府官员，遭到澳大利亚官方监管部门调查。最后，必和必拓退出了这个项目。

2、中资企业投资柬埔寨情况

柬埔寨官方公布的数据表明，自1994年至2011年7月间，柬埔寨从中国获得的投资为66亿美元，而同期美国投资额为2.8亿美元，毫无疑问，中国已经成为在柬埔寨的最大基建项目援助国以及最大的投资国。中国在柬以BOT（建设—运营—转交）模式投资在建及已建成的大型水电站有五座，总额达15亿美元，未来中资水电站数目可能还会增加。来自内蒙古的民营企业鄂尔多斯集团在2009年宣布将在未来几十年在柬投资30亿美元，包括房地产开发（万谷湖），火电站和铝土矿项目；来自天津的民营企业优联集团已经在柬埔寨的国公省拿到了41000公顷土地的特许使用权，开发海滨地产项目，特许使用期为99年，优联集团宣布未来投资总额在36~50亿美元之间。在一些同样脆弱的

行业比如采矿业和大型农业种植园等，中国在柬投资也在日益增长。而2010年柬埔寨的国民生产总值不过是140亿美元。

中国投资受到关注不仅仅由于其巨额资金，也由于其所牵扯的社会与环境争议，其中某些项目已经引发了激烈的社会冲突。一直以来，不论在国内国外，中国企业整体上在社会和环境问题上出现问题较多，形象不佳。在国外，"中国企业"与中国给人的印象容易被联系到一起，如《绝望星球柬埔寨旅行指南》文章所指，广为人知的"不附带任何条款"的中国对外援助政策，使这些议题的讨论更加复杂。实际上，很多企业的投资跟中国的对外援助没有多少关系。虽然影响越来越大，形式越来越多元，但由于沟通缺乏，在海外民众、媒体及非政府组织眼中，中国的企业（包括民企和国企）、中国政府、中国人等几个概念容易重叠。

结合以上背景，也许更能理解，在柬政府对中国投资热烈欢迎的同时，媒体、民众和非政府组织对此怀有疑虑，反感甚至抵触。而中国在柬企业大多认为"中国企业在社会环境影响方面不是最好，也不是最坏"，"外方尤其关注中国"。客观来说，企业的委屈也有一定缘由，但作为"大鳄"，受到关注自然多，加之历史造成的形象问题，解决之道唯有增进透明度，并与媒体、民众加强沟通交流。

3、中资企业在柬埔寨投资风波

柬埔寨非政府组织最早关注的中国投资项目，是2007年9月动工建设的甘寨水电站，该项目由中国水利水电建设集团投资，是中资企业在柬埔寨的首个大型水电项目。2008年，当地非政府组织就此项目进行系统的调研和倡导活动，之后柬埔寨当地及国际媒体报道这一项目大多都会提及其负面的环境和社会影响，包括环境和社会管理措施不透明，未及时提交全面环境评估报告等。相对而言，很少看到企业对媒体和非政府组织批评的正面回应。

虽然遭遇批评，但甘寨水电站已于2011年12月建成投入使用。相形之下，万谷湖地产项目引起的风波给中国企业带来更为深刻的教训。2007年，柬埔寨政府与当地一家背景深厚的公司签署协议，要将万谷湖周边100多公顷的地方改建为高档社区，同时对湖边4000多户居民实行拆迁。由于柬埔寨复杂的历史背景，有些居民有地契，有些则只是长期居住，因此关于拆迁安置和赔偿问题，开发商与居民始终难以达成协议。政府与开发商一度试图强拆部分拒绝搬迁居民的房屋，而居民则以请愿、示威等方式争取支持。

2010年末，附属鄂尔多斯集团的鸿骏公司加入万谷湖地产项目，负责全部建设成本并获得50%股份，由此卷入这一漩涡。当地居民开始集体向中国大使馆请愿，向中资企业发公开信，甚至呼吁抵制中国货物。在此期间，中资企业始终沉默，直至2011年初才由中国大使馆表态：拆迁问题由柬方公司全权负责，中资公司没有相关法律责任，只负责拆迁完成后的建设工作。

尽管中资企业试图与拆迁争议划清界限，却也可以看出，中资企业对项目风险和可能遭遇的困难预计不足，从而使自己卷入有争议的国际事件，危机出现后的应急处理也不是很积极。此风波一直持续到2011年8月，世界银行以冻结对柬埔寨援助贷款施压，才促使柬埔寨政府和开发商对居民做出让步，使问题部分得以解决。

优联地产旅游项目是另一个移民拆迁安置矛盾问题突出的项目，牵扯到当地1000多名居民。万隆集团旗下天津优联投资发展集团有限公司斥巨资在柬埔寨建设旅游度假项目，然而由于赔偿和安置问题，居民从2009年即开始上访、抗议、请愿。当地非政府组织联合开展了两次大范围调查行动，媒体也始终追踪事态进展。

对于涉及拆迁的大型项目，柬埔寨政府一般处理模式为：企业出钱，政府多部门联动解决赔偿和安置问题，具体参照亚洲开发银行标准。看起来，有政府主导，赔偿标准相对较高，问题似乎容易解决，居民也不会有太多不满。然而，拆迁和补偿的过程往往问题众多。据非政府组织报告和媒体报道称，拆迁方常常缺乏与居民的沟通，有强拆及恐吓居民现象；土地类型和赔偿额度的计算有纠纷；更糟糕的是移民安置点往往基础设施不达标，并缺乏对居民生计的支持和帮扶。

在这种背景下，哪怕拆迁项目由当地政府主导，企业也应当积极主动介入，促进移民安置工作朝好的方向转变。

4、集中体现的问题

当下，中国企业仍处于"走出去"的初期阶段，对社会和环境相关问题总体上仍较陌生。到国外后，容易较为惯性地依赖当地政府部门，缺乏与民众、民间组织、媒体的有效沟通，加上语言、文化的隔阂，一些本可以避免的误会甚至引起了风波。

2011年10月，柬埔寨当地英文报纸Cambodia Daily报道称，柬埔寨非政府组织Development and Partnership in Action拒绝参加柬埔寨环境部组织的中海油石油勘探项目环境影响评估报告讨论会，理由是留给他们研读环评报告的时间太少。对此指控，中海油觉得委屈，因为他们在两三个月之前就向柬埔寨环境部提交了报告，而后者没有及时把报告传阅给柬埔寨的非政府组织。

还有一个典型的例子是，在柬埔寨北部广西有色金属集团开发的探矿区，当地村民向非政府组织申述说看到中国军人在活动，实际上他们看到的只是穿着迷彩服的中国工人。这种误解也许说明了企业和居民之间沟通交流太少，以致关系紧张。

此外，对中国海外投资与政治关联的猜测有时也会加剧分歧。2012年3月，路透社针对优联地产旅游项目刊发了题为"Insight: China gambles on Cambodia's shrinking forests"的专稿，该文对拆迁问题的描述相对准确，但文末暗示此项目与中国的南海利益相关，文章标题也强调中国在柬埔寨破坏森林，这其实都是有待商榷、澄清的问题。

很多时候，中资企业缺乏"意愿和经验"不仅仅"出于对资金成本的考虑"。中资企业的社会责任政策，往往过于空泛、实际操作性不强，同时与境外项目的具体管理和实施有距离。基层项目的社会和环境管理不仅仅是援建学校、医院、公路等基础设施，而是一系列包含社区调研、公众咨询、社会和环境指标监控以及社会和环境管理计划实施等专业举措的工作。目前大型海外投资项目的环境和社会管理文件大多由当地或国际咨询公司代理，而企业应当积极介入社区调研、公众参与、项目影响监控等环节。

二、中资企业投资失误的案例

中信泰富的西澳磁铁矿项目，启动于2006年3月，当时它买下西澳两个分别拥有10亿吨磁铁矿资源开采权的公司，原计划总投资42亿美元，2009年上半年投产。但是，这个项目实施以后，直到2012年底都未能投产。截至2012年6月底，项目开支涉及78亿美元，与2009年预期的42亿美元相比，已经超支86%。

事实已经证明，中信泰富2006年投资的这个西澳磁铁矿项目，它的成本像无底洞，不断地吞噬着追加投入的资金。尽管中信泰富董事局主席常振明已经表示不出意外2012年底可投产，但为了实现这个目标，中信泰富只能以发行中期票据的形式来继续填补这个项目的亏空。即使这个项目真的能够投产，中信泰富何时能收回已经投下去的巨额成本，也是一个未知数。

由于铁矿石资源为海外市场所操控，导致我国钢铁行业深陷困局。如果中信泰富能够通过对这个项目的投资改变这种被动局面，无疑是有积极意义的。但是，中信泰富在作出这项投资时，显然未能对市场作出具有前瞻性的评估，对投资风险也缺乏审慎的态度。2008年以来，全球经济陷于低迷，钢铁行业正处于萎缩之中，对铁矿石的需求也在减少，这直接导致铁矿石的价格从最高时的每吨200美元下降到目前的每吨130美元。

一个海外投资项目就把一家企业拖得"筋疲力尽"，事实再一次证明了中资企业的海外投资缺少严格的风险管理。对于中信泰富来说，这已经是它第二次在海外投资上"走麦城"了。2008年10月，中信泰富因涉足外汇衍生品投资出现147亿港元的巨亏，引起香港证监会的正式调查，成为当时全球性金融危机初起时引爆香港股市暴跌的一颗"地雷"。

中资企业海外投资的失误不仅表现在中信泰富这一家公司。以将中信泰富拖入泥坑的国际金融市场衍生品投资来说，近10年来就先后出现了中航油、国储铜、中国远洋、中国中铁等多个案例，它们的亏损动辄以数十亿元计，损失巨大。还有一些中资企业收购时出手阔绰，谈回报时则强调"长期收益"，对投资收益率缺乏基本的判断。

不难发现，一些在海外投资上遭遇巨亏的企业，它们在国内市场上的投资，大都无往而不胜。今天的央企已经成为我国国民经济构成中的一支重要力量。但是，当它们投身于海外市场时，过高地估计了自己在残酷的国际市场上的竞争力，以"博弈"的心态参与到国际市场，博对了名利双收，博错了也不用负什么责任。没有人为投资决策失误埋单，自然也不需要考虑风险问题，这或许是中资企业海外屡亏的根源所在。

三、问题如何解决

随着中国企业"走出去"步伐的加大，今

后在境外面临的影响投资的非经济因素也许会越来越多，就海外投资项目的社会和环境影响管理而言，可能出现问题的诱因包括：投资决策未深入了解当地情况，忽略或轻视社会风险；项目工作人员多为技术或经营管理人员，缺乏企业社会责任人才配备，对项目的社会和环境影响的合规审查以及村民生计和环境管理的实施不重视或不熟悉；不熟悉或不愿意与除当地政府之外的项目各利益相关方的交流，依赖当地政府部门解决问题，透明度低。

这些问题只能通过重视并提高在社会和环境影响方面的实地管理水平来解决。解决途径之一是企业增强透明度，与村民和非政府组织进行建设性沟通，甚至寻求与非政府组织合作，减少项目负面影响、开展社区发展等项目。非政府组织的宗旨大多是维护弱势群体的利益，这并不等同于反对投资项目或故意给企业找麻烦。

此外，企业应当加强引入环境和社会管理、农村发展、生态保护的专业人员，做到有专人专才负责相关事务，并尽力向国际标准看齐。虽然世界银行、亚洲开发银行等国际机构也不见得事事都能够达到其设定的"社会和环境保障政策"标准，但这些标准可为处于学习期的中资企业提供借鉴。

如何有效地与企业沟通也是非政府组织应当补上的一堂课。企业的天然目的即是盈利，商人们往往非常务实。对"责任"、"义务"、"民众权益"、"形象"等抽象的名词泛泛而谈可能很难打动企业和商人，但针对防范环境和社会问题引发的商业风险的考量则大不一样。因此，如何在与企业的沟通过程中将民众的诉求有效地和企业的经营风险相结合是非政府组织应当努力的关键方向。

非政府组织和媒体交流相关议题过程中，针对中资企业的讨论过于泛泛和标签化，如"中国海外企业掠夺非洲森林资源"，"中国海外环境足迹问题严重"，"民众在这些项目中得不到任何利益"等。实际上，每个企业和案例在具体问题和实施上都有所不同，而企业自身很难以简单二元的方式界定好坏。

四、加快改革中资企业制度

通过上述案例分析，中资企业海外投资屡屡失误的根源在于体制问题，是政企不分的体制导致投资决策屡屡失误，更是中资企业干部人事制度导致决策失误不用承担任何责任，责任追究制度缺失，由此种种，中资企业体制改革已刻不容缓。

1、加快政企分开

政企分开的改革本质是政资分开，政府作为中资企业的投资主体，投资主体不明确，谁都是法人，谁又都说了不算。这样的企业，投资失误没人担责任，管理失误没人担责任，在国内搞不好，出了国更搞不好。也就是制度上的缺失，造成中资企业不管风险大小，打着"走出去"的旗号，闭着眼睛往前闯，亏损了、贪污了谁也不负责。要扭转现状，只有加快政企分开的改革，从根本上彻底切断政企不分的制度缺陷，让中资企业同各级政府部门割断联系，包括投资、人事、资源和政策等方面的联系。

2、建立法人治理结构

构建完善法人治理结构的中资企业，完善董事会的职责，建立风险追究制度，对投资决策失误的责任人必须追究责任。建立董事会、监事会，经理层相互监督，相互负责的法人治理结构，监事会要发挥监督作用，对于违背企业投资方向，造成决策失误、腐败的一定要起到监督作用，不能当聋子的耳朵——摆设。

3、加强内部管理

中资企业海外投资的一系列活动，无外乎三个方面，即投资决策、融资决策及财务管理。在董事会正确的投资决策下，经理层的融资决策与财务管理是对企业正常运转至关重要的环节，只有科学高效的经营管理团队，才能保证中资企业海外投资立于不败之地。

4、改革干部人事制度

彻底取消中资企业领导干部行政级别，无论央企、地方企业，一律取消什么省部级、地市级的行政待遇。要干企业就别当官，要当官就别干企业。董事会、监事会人选交由国资委或投资公司总部负责，与中组部彻底脱钩。经理层人选向全球招聘。

5、理顺中资企业隶属关系

中资企业与隶属国家机关彻底脱钩，如与商务部、水利部等部委历史上有隶属关系的中资企业，一律划转国资委或投资公司，并且将国资委或投资公司，彻底转型为市场运作的法人机构。这些机构有必要脱离政府序列，人事关系也要与中组部脱钩。

6、实行全方位走出去战略

实行投资、金融、保险、服务、非政府组织等全方位走出去战略，扭转一家中资企业单打独斗，应付政府、社会、民众各个方面诉求的被动局面，使我们的走出去战略更加立体化，更加富有内涵。

参考文献

[1] 曹可，汪晓娟.中资企业海外投资观察.中国发展简报 2012 年秋季刊.

[2] 中资企业海外投资屡败有机制原因.2012-10-09 新京报.

[3] 2012 年中国统计年鉴.中国统计出版社，2012 年 11 月.

2014 建造师论坛

本届论坛主题——建造师培训及相关制度研讨

论坛地点：北京

论坛时间：2014 年 4 月 29 日

主办单位：中国建筑工业出版社

媒体支持：筑龙网

论坛议题：

1. 建造师考试制度和注册制度的改革与创新
2. 建造师考试培训与管理
3. 建造师执业与继续教育
4. 建造师考试和培训用书及其相关产品的开发与应用

论文征集：

论坛所征集的论文将在《建造师》上刊登。投稿请通过电子邮件提交不少于 300 字的论文摘要。摘要应包括稿件的标题、作者姓名、所在单位、职称、联系地址、电话、传真号码以及电子邮件地址。

会议注册：

1. 会议注册费：正式代表 RMB 1000 元（注册费包括会议期间的餐饮、茶歇等费用，不包含住宿费用）。

2. 住宿：统一安排，费用自理。

3. 报到时间：2014 年 4 月 28 日全天

4. 注册地址：新大都饭店（北京市西城区车公庄大街 21 号）

论文投稿联系人 李春敏

电话：010-58934848

13661186954

邮箱：li_zaaz@163.com

论坛会务联系人 白 俊

电话：010-58337208

13810005341

邮箱：xiaobai_jzs@sina.com

中国对日直接投资的现状分析

刁 榴 张青松

（1. 北京工业大学外国语学院，100024；2. 中国社会科学院国际合作局，北京 100005）

随着中国经济的崛起，中国的外资政策逐渐由"以吸引外资为主"转向"引进来与走出去并重"，以庞大的外汇储备等为后盾，中国企业积极开展了海外投资并购，中国逐渐成为世界上主要的对外投资大国之一。2011年中国对外投资总额达到746亿美元，中国1万多家企业活跃在世界120多个国家和地区。中国对日本直接投资从统计数据上来看金额并不高，但近年来呈现出非常活跃的态势。本文将就中国对日直接投资的概况进行分析。

一、中国企业的海外投资概况

进入21世纪以来中国对外直接投资呈迅速扩大趋势，根据《中国对外直接投资统计公报》显示，截至2010年末累计对外直接投资额已达3000亿美元，2011年中国对外直接投资总额达到746亿美元，是2000年10亿美元的70倍。根据2011年7月联合国贸发会议发表的《2011年世界投资报告》，2010年中国对外直接投资额为680亿美元，较2009年增长17%，跃升至世界第5位投资国，首次超过了日本，而主要发达国家对外直接投资额仅实现5%的增长，为1.24万亿美元，不及雷曼危机前的水平。此外，中国对外直接投资额占2010年海外对华直接投资额1057亿美元的64.3%，对内、对外直接投资比例日趋接近。

中国对外直接投资呈现出以下几个特点：

第一，中央所属国有企业等是对外直接投资的主角，截至2011年末国有企业对外投资余额占对外直接投资总额的62.7%，中国非金融领域对外直接投资余额前10名企业中，均为石油、通信、资源、能源等具有高度战略意义领域的大型中央国有企业。但国有企业的投资企业数量呈下降趋势，这主要是2003年以后大量国有企业改制为股份有限公司或有限责任公司，此外海尔、中兴、创维等民营企业开始崭露头角。截至2011年末，中国海外投资企业中国有企业共计1495家，有限公司8136家，股份公司1036家，民营企业1120家。

第二，中国对外投资区位集中于亚洲地区。2009年末中国在亚洲直接投资累计1855.4亿美元，占76%。投资领域除了金融、租赁等服务产业外，对矿产等资源类领域的投资并购最多。截至2009年末，矿业、采掘业的投资额约406亿美元，占全行业的17%。主要原因是为了实现能源资源的稳定供给，随着国际金融危机后海外油田以及资源资产价格下跌，中国企业加速了投资并购速度。

第三，M&A对外投资在2008年后猛增，2010年和2011年分别达297亿美元、272亿美元。中国企业投资并购的动机主要在于获得知名品牌、先进技术和资源权益。例如在资源较多的非洲、俄罗斯、中亚、南美以及澳大利亚，主要是以获得资源和资源权益为目的。而在发达国家，与销售、服务领域相比，更侧重于对产品制造的制造业领域的投资并购，例如中国为获得日本企业的技术资源以及品牌等资源而进行的并购活动。另外在亚洲、非洲等发展中国家的投资并购，除了获得资源外，还有着本土化生产所伴随的市场开发等目的。

第四，通过对维京群岛、开曼群岛等避税天堂等进行"迂回投资"，享受优惠税制、规避贸易壁垒，开展国际化经营，实现海外上市。根据统计，中国在这些避税天堂注册的企业在20～30万家，2010年和2011年对避税天堂的对外投资金额分别达96.2亿美元和101.4亿美元，大部分企业通过在这些地区设立的企业对第三国进行投资，"迂回型投资"的特点显著。

二、中国企业对日本直接投资的动向

1979年8月13日，国务院提出了"出国开办企业"的经济改革措施，为中国企业海外直接投资奠定了政策基础，同时为中国企业跨国经营的大规模兴起开辟了道路。1979年11月，北京市友谊商业服务总公司与日本丸一商事株式会社，在日本东京合资开办了"京和股份有限公司"，这是中国企业改革开放后在海外投资举办的首家企业。

以此为开端，我国对日投资伴随改革开放的步伐迅速发展起来，中国国字头企业如中国机械进出口总公司、中远集团、中化集团、宝钢集团、中国银行、中国电子技术进出口公司、五矿集团、中国机械外经总公司、中国煤炭工业进出口总公司、中海运集团等，以及吉林国际经济技术合作公司、甘肃经济技术合作公司、浙江国际信托投资公司等，于20世纪80年代率先进入日本投资设立了一些技术咨询服务公司、船舶代理公司、海运服务公司等服务性企业以及贸易类企业。20世纪90年代以来，随着日本经济陷入低迷以及中国经济的加速发展，中国企业竞争实力有了长足发展，开始努力向外拓展。以IT业为代表，一批初具实力的企业例如中国计算机软件与技术服务总公司（1991

年）、方正集团（1996年）、中兴软件（1998年）等凭借自身独有的技术，以"绿地投资"的方式设立日本法人，承接日本企业的软件系统开发业务等。此外，以广州白云山制药、天津立生制药、同仁堂、中国医科院药物研究所、成都生物研究所等为代表的生物制药类企业也先后在日本建立了研发和销售企业。根据日本财务省的统计数据，中国对日直接投资流量存量从1996年的2亿日元猛增至1998年的96亿日元，迎来中国对日直接投资的第一个高峰。

但是在进入新世纪之前，中国对日直接投资的项目数和金额均停留在较小规模，近年来中国大型国有制造业企业进军日本，才真正拉开了对日直接投资的大幕。2001年上海电气集团收购日本秋山印刷公司，树立了中国制造业收购外国企业良好经营的样板，同时也开创了利用并购获取先进技术的对外投资模式。2004之后，中国企业在制造领域对日收购逐渐增多，例如上海电气收购池贝机械、中信集团收购信和电子、尚德收购MSK等，中国企业对日投资再度掀起了一个小高峰。特别是2008年之后，中国的对日直接投资流量急剧上升，从2005年的1717万美元猛增至2010年的3.38亿美元。

根据日本帝国数据库的统计，截至2010年6月中国对日直接投资企业为611家，较2005年的233家增长近3倍。从投资金额角度看，中国对日直接投资额呈逐步增长态势，特别是近几年增速迅猛，2010年高达276亿日元，截至2010年底中国对日直接投资余额325亿日元，是2005年的20多倍。尽管如此，中国对日投资仅占日本吸收外资总额的0.2%，与欧美发达国家相比还有很大差距。

从投资领域看，中国对日投资仍主要集中于非制造业领域，日本帝国数据库调查的中国611家在日投资企业中，批发业为323家占52.9%，服务业为136家占22.3%，制造业仅为69家占11.3%，虽然占比较低，但企业数量增

主要国家和地区对日直接投资余额（2010 年末） （单位：亿日元、%） 表1

国家地区	全行业	制造业（%）	非制造业（%）
亚洲	18,975	2,125（11.2）	16,850（88.8）
中国	325	144（44.3）	181（55.7）
北美	60,236	9,752（16.2）	50,484（83.8）
美国	59,092	8,903（15.1）	50,189（84.9）
欧州	75,155	47,290（62.3）	27,864（37.7）
德国	8,158	6,207（76.1）	1,951（23.9）
中南美	19,231	2,952（15.4）	16,279（84.6）
世界合计	175,020	62,123（35.5）	112,897（64.5）

数据来源：根据日本银行《平成22年末直接投资余额》

速显著，较2005年的21家增长3倍以上。但从投资金额角度看（表1），制造业和非制造业的投资分别占全行业的44.3%和55.7%。制造业中，中国高于世界对日制造业直接投资余额的比重（35.5%），这主要是由于近年中国企业为获得技术资源而在制造领域加大了对日并购。此外中国对日投资以中小企业居多，年销售额1亿～10亿日元的企业为202家（约40%），超过100亿日元的企业仅为20家（4.8%）。

东洋经济新报社2012年版《外资企业动向》对104家中国投资企业的调查也显示出如上特点，制造业领域共计18家（纤维服装6家、化学3家、医药3家、机械2家）、非制造业86家（信息系统软件16家、综合批发10家、纤维服装批发7家、海运7家、电机批发以及银行各5家等）。此外中国金融类投资也显著增长，千叶银行资产管理部对东证1部550家有价证券报告书的分析结果显示，中国国有两大投资基金在2010年9月末已成为86家企业的前10位以内的大股东，较2009年3月末的13家增长了7倍，拥有股份价值从2009年3月末的1566亿日元升至2010年9月末的1.5157万亿日元。

三、中国企业对日本企业并购（M&A）的类型与目的

尽管2000年代的年投资额较1990年代增

加10倍，达30亿日元，2010年末更跃升至325亿日元，但从投资金额角度看，中国对日直接投资与中国在欧美、东南亚地区投资额相比还比较少，因此我们可以认为对日投资尚处于初期阶段。

但是，近年以并购为主的对日直接投资仍相当引人瞩目，特别是2001年~2011年间，以制造业为中心的并购非常活跃（表2）。2010年，来自中国（包括香港）的企业以及投资基金的并购为37项，超过美国的35项并购，成为对日第一位并购投资国，2011年1-6月，中国企业（含香港）的并购额为321亿日元，超过2010年全年。目前日本M&A的主要方式是收购对象企业的全部或部分股份（包括收购已发行的股票、接受增资、吸收合并、股份置换、TOB）以及接受对象企业的事业转让，因此中国企业对日并购，也主要采取了收购股票、增资以及接受事业转让等方式。

必须承认的是，21世纪以来的收购热潮是中国企业向日本企业再次学习的过程，蕴含着中国企业欲借此转型、升级的深层诉求。中国企业在经历了早期的积累以后，走向国际、拥有品牌的意识在逐步增强。虽然日本长期处于经济不景气，部分日本企业经营举步维艰，但其国际经营经验和品牌价值恰恰是中国企业缺少的。在这种大背景下，中国对日本企业的并购基本不存在恶意的、敌对性收购，属于双赢

关系，正如日本 NEC 公司小野隆男专务所说"中国对日本企业的股份获得，基本为各企业的 2%~3%，很少在短期内卖出，属于长期保有的纯粹的投资"。但根据日本帝国数据库 2010 年 4 月实施的企业对业界重组的意识调查，日本担心技术和品牌流向中国，造成日本竞争力下降。

根据迈克尔·波特的"价值链"理论，中国企业对日并购等直接投资，主要目的在于通过获得日本技术、品牌以及服务销售网络等经营资源，嵌入企业现有的全球价值链中，提升企业自身重塑全球价值链的能力，提升高端价值链占比，改善价值链分工格局。中国企业对日并购投资的主要类型与目的如下：

（一）技术资源获取型的并购投资

如上海电气集团股份有限公司 2002 年并购秋山机械（现秋山国际）、2004 年并购机械设备企业池贝。上海电气集团是中国最大的发电设备、大型机械设备设计、制造、销售企业，拥有 24 万人的企业集团。该集团通过并购秋山机械，获得了该公司拥有的特殊印刷机制造等独有技术，例如上海电气集团的印刷机械子公司于 2005 年从秋山引进技术，成功开发单面多色印刷机，大幅缩小了与海外的技术差距。上海电气集团通过并购将日本秋山这一技术品牌向世界市场输送，不断扩大延伸企业全球价值链条，实现了全球化发展，目前海外份额约占 60%，特别是以欧美、南美、亚洲等市场为中心，实现大幅增长。秋山国际还在海外设立代理店，派遣在日本工厂研修、训练的技术人员，构建了海外销售体制。

上海电气集团还于 2004 年收购了著名大型工作机床设备企业——池贝公司 75% 的股份，该公司是日本首家拥有制造中大型旋转机床的高端技术企业，上海电气集团通过将池贝机床

中国企业并购日本企业主要事例 表2

并购时期	中国企业	日本企业
2001 年 10 月	美的集团	三洋电机
2002 年 1 月	上海电气集团	秋山机械
2003 年 10 月	三九企业集团	东亚制药
2004 年 7 月	中信集团	信和电子（汽车音响）
2004 年 8 月	上海电气集团	池贝（车床制造）
2005 年 9 月	中信集团	Pokka（饮料）
2006 年 8 月	尚德集团	MSK（太阳能电池）
2008 年 4 月	中国动向集团	凤凰集团（体育用品）
2009 年 1 月	China Satcom	Turbolinux（IT 服务）
2009 年 4 月	北京泰德制药	LTT 生物高科（医药研发）
2009 年 6 月	苏宁电器	LAOX（家电量贩）
2009 年 12 月	宁波韵升	日兴电机工业（汽车零部件）
2009 年 12 月	IAG 国际音响集团	LUXMAN（音响设备）
2010 年 2 月	北京科瑞集团	本间高尔夫（高尔夫用品销售）
2010 年 3 月	比亚迪 (BYD)	获原模具
2010 年 5 月	中信集团	东山薄膜（化学树脂薄膜）
2010 年 5 月	山东如意科技	RENOWN（服装）
2010 年 9 月	中信集团	TRI-WALL（特殊纸箱）
2011 年 2 月	湖南科力远新技术设备	松下电器镍氢电池生产线转让
2011 年 7 月	海尔集团	松下会社·三洋电机洗衣机和冰箱业务

数据来源：根据日本银行《平成 22 年末直接投资余额》

的技术引进国内,提升了企业的国内外竞争力,缩短了企业技术进步周期。

此外,以获得关键部件为目标,中国比亚迪汽车(BYD)2010年4月收购了日本模具企业荻原的馆林工厂,其土地、厂房、设备以及约80名员工悉数被BYD接收。荻原公司于1951年创业,在日本国内拥有馆林工厂等五家企业,是著名的汽车车体制造的大型模具企业,也是该业界的世界最大企业,在美国、英国、泰国、中国均有投资企业,与海外的汽车厂商交易非常多。BYD1995年以电池事业起家,2003年开始进入汽车制造行业,2008年12月世界首次量产型混合动力汽车开始销售,2010年汽车销售超过50万辆。但是BYD于1995年成立,经营生产汽车的历史比较短,因此该公司通过收购荻原的馆林工场,主要目的就在于获得该工厂拥有的模具技术,将其生产制造的车体模具在中国国内生产活用,强化自身的经营资源,引领世界EV汽车。

(二)获得品牌、扩大内外市场的并购投资

2010年7月,中国著名的服装企业——山东如意科技集团对经营重建中的日本老牌服装企业RENOWN,通过增发股份的方式进行了约40亿日元的第三方增资,获得41.18%股份成为RENOWN第一大股东。1902年创业的RENOWN公司曾经是日本第一大服装品牌运营商,拥有"D'Urban"和"安雅·希德玛芝"等著名品牌,在日本有2000多家服装专卖店。山东如意科技集团对RENOWN的出资并购,旨在获得其拥有的著名品牌,提高中国国内的市场份额以及提升企业在高端服装价值链中的占比,实现向利润率比较高的产品设计研发及零售方面转型,同时获得企业自身品牌、产品在日本销售的渠道。此外,RENOWN生产销售部门拥有的质量管理、销售服务等诀窍,更是如意集团未来占领国际服装市场的重要的战略性经营资源。正如山东如意集团董事长邱亚夫所指出的那样,"如意集团已在欧洲收购了一家先进

的品牌企业,又在日本有这样一个品牌合作伙伴,加上中国的巨大市场和如意的制造技术,可谓四合一,相信会加快企业战略转型"。

(三)流通领域的并购——经营资源的吸收以及市场的开拓

数年前中国企业对日并购主要集中于制造业,近年来开始扩展到零售业和服务业等非制造业领域。2009年9月中国大型家电量贩企业——苏宁电器收购了日本著名的旅游免税商店、正处于企业重建基金控制下的LAOX。苏宁电器获得家电量贩连锁店LAOX的27.36%股份成为实际控股股东。苏宁电器并购的目的在于:①吸收日本家电量贩店的经营以及市场手法,改善其在中国国内市场的经营销售状况;②形成两家企业共同的平台,在双方互补的领域开展合作;③构建人际交流和人际网络等。具体而言就是通过收购,利用LAOX的销售流通网络,开拓日本市场,把握日本家电制造、流通业界动向,加强与日本家电企业的合作,吸收流通领域的经营资源,将其拥有的企业管理技术用于国内外市场,扩大完善销售产品的采购渠道、流通网络,学习LAOX的零售服务技能。

(四)获取新能源市场

中国最大的太阳能电池太阳能发电设备制造企业——尚德太阳能电力有限公司,于2006年8月和2008年6月分两次收购了制造销售太阳能发电板、太阳能发电系统的大型企业MSK。这是尚德集团首次并购外国企业,由此也成为世界少数太阳能电池企业在日本拓展事业的企业。MSK是亚洲太阳能发电板制造的著名企业,拥有20年以上的经营生产经验,2005年产能达200兆瓦,占日本太阳能电池市场份额的约10%,且该企业具有光伏发电系统和光伏建筑一体化(BIPV)产品的强大研发能力,尚德通过并购MSK,参与快速成长的BIPV市场,获得MSK技术以及构建全球销售、流通网络链,扩大市场规模。2009年6月,MSK更名为尚德电力日本株

式会社，在东京、福冈设立营业所，2012 年在长野县新建技术支援基地。目前日本尚德约占日本太阳能电池市场 8% 的份额，在外资太阳能电池厂商中高居榜首。随着日本政府 2012 年 7 月 1 日开始实施"可再生能源电力全量购入制"，激发了企业和家庭投资安装太阳能发电设备的积极性，未来太阳能电池市场有望得到进一步发展。

（五）白色家电领域的并购：获得世界市场的主导权

海尔集团与三洋集团 2011 年 7 月就收购洗衣机和电冰箱业务达成协议，这是中国企业首次收购日本大型制造企业核心业务部门。三洋电机将其在日本和东南亚的洗衣机、电冰箱等 9 家关联企业的全部股份及近 700 亿日元的白色家电业务，以约 100 亿日元的价格销售给海尔，旗下 2300 多名员工也将转入海尔。并购完成后，三洋品牌的洗衣机、冰箱退出日本市场，三洋电机集中于太阳能电池等能源领域的产品开发与生产。

2010 年海尔品牌冰箱世界占有率为 13%，居世界第 1 位，洗衣机占世界份额的 9% 以上位居第 2 位。而三洋在电冰箱和洗衣机领域的世界占比分别为 4.4% 和 5.5%，特别是在越南、印尼、菲律宾、马来西亚等东南亚市场，三洋等日本品牌家电依然保持着优势。海尔获得三洋品牌的有限期使用，使得确保三洋现有品牌和销售流通渠道的同时，有助于扩大海尔家电产品在东亚乃至世界份额的扩大。在日本市场海尔虽然不能直接使用 SANYO 品牌，但获得了稳定的技术开发和销售据点，巩固了未来发展的基础。毋庸置疑，收购之后的国际化效应、规模效应会放大。海尔集团副总裁杜镜国表示，此次收购是海尔整体发展战略中的重要一步，将为海尔实现未来可持续成长奠定基础。同时，三洋电机集团原有的传统家电部门出让给海尔集团，对于理解中日之间互补关系的实质性具有重要参考价值。

（六）建立生产基地的绿地型投资

2011 年 12 月山东青岛金龙塑料复合彩印有限公司出资 1 亿日元在日本鸟取县大山町建立日本法人—鸟取通商包材株式会社，青岛金龙利用废弃的学校校舍和体育馆等为工厂，生产销售塑料包装袋。青岛金龙是著名的食品包装袋、压缩袋等包装企业，年销售额在 6000 万元，80% 的产品是出口，其中一半出口于日本。由于该公司的原材料主要从日本进口，因此，在日本建立生产销售基地，不仅大幅降低销售成本，更获得了"MADE IN JAPAN"优势。

四、中国扩大对日投资并购的深层次原因以及未来展望

目前中国大陆企业对日投资，具有技术品牌资源获得型、市场寻求型等特点，但点式和分散式投资特点明显，并未真正拥有全球一体化的生产体系和完整的全球产业链，也未形成欧美以及日本对华投资那种涵盖生产基地、营销基地、研发基地、服务中心、国际管理总部的模式。作为对外直接投资"后发型"国家的中国，对发达国家日本的直接投资呈现出扩大的趋势，除了经济高速增长背景下企业收益的增加、中国"企业走出去"政策、人民币升值等国内因素，以及日本企业陷入经营困境等外部因素外，更深层次的原因是企业希望通过吸收日本企业拥有的技术、品牌等经营资源，提升自身的竞争优势和经营资源优势。

众所周知，中国以前制造业技术相当程度上依赖于外资，除了少部分本土企业，外资企业成为中国制造领域的主角。2000 年以来中国产品出口的近 6 成由外资企业贡献，技术密集型、高附加值产品的出口外资企业约占 80%。此外中国新技术、新产品开发，半数以上也是由外资企业进行的。世界 500 强企业中，日、美、欧的汽车、电机等均有数十家企业在内，相反中国企业则全部是银行、资源类企业，制造业企业凤毛麟角。也就是说，中国企业虽拥有丰富的资金，但大多数经营者重视利润和分红，而

对投资周期长、伴随风险的研究开发兴趣不高，丰富的资金均流向收益率高于制造以及研发的不动产等领域，造成中国企业欠缺产品制造的高技术和品牌力。因此，中国企业通过投资并购等希望获得发达国家特别是近邻日本的企业技术资源，这才是最深层次的原因。此外，中国初期对日直接投资，主要也采取了合资或独资等新建企业的方式，但是中国加入WTO后并购投资逐渐成为最重要的投资方式，也正表明了入世后中国企业为应对更为激烈的全球竞争而被迫采取加快国际化步伐，而并购方式能够更快地获得更先进的技术和更多的市场份额。

中国未来对日投资并购的路程，充满了挑战与机遇。日本市场被公认为世界上最难以打入的市场之一，就连欧美发达国家的一些著名跨国企业也不得不三思而行，作为发展中国家的中国企业面临的挑战更为巨大。日本长期以来对引进外资持谨慎态度，行政手续复杂、优惠措施不足、限制性政策较多等方面，近年来虽开始认识到外资的意义，但政策举措仅限于部分放宽原有限制条件，优惠程度比周边国家和地区相差甚远，此外日本市场准入规制较多，成为阻碍外国对日直接投资的一个主要因素。规制过多导致投资成本较高，日本的税收、劳动力和土地价格等均高于欧美国家数倍，运营成本过高依然是中国在日投资的首要阻碍因素。另外，日本独特的文化、语言系统以及特有的商业惯例等，以及日本对外国人投资签证限制比较严格，这些因素都不同程度地影响着中国企业的对日投资。另外中国一些具备了一定国际竞争力的产业，如家电和信息产业，在日本面临着强大的竞争对手，而且这些竞争对手已经在本国市场经营了几十年，早已构筑了牢固的营销体系和品牌优势。

2013年日本政府为振兴经济而祭出"安倍经济学经济成长战略"，进一步放宽政策，改善投资环境，鼓励扩大吸引外资与人才，如通过日本贸易振兴会等渠道及时提供有关对日投资信息，向海内外宣传日本欢迎外国直接投资的立场及其外资政策。与此同时，日本各自治体也纷纷出台招商引资的企业服务方案和地方性优惠政策，例如宫城县免征5年公司税等，福岛县拨款225亿日元投入经济领域，其中30亿日元用于扶持新公司，爱知县、福冈县、大阪府等还在中国建立了专事经贸交流的办事处。随着中国经济逐渐进入结构性减速期、主要发达经济体面临着各种困境、国际贸易保护趋势有所加强，中国企业只有实现产业升级和技术换代才能在国内外困境中确保核心竞争力，因此中国企业通过对外投资获得更先进的技术（硬技术与软技术）以及其他重要经营资源，规避贸易壁垒以进一步扩展市场，是理智的选择之一。随着日本投资环境的大幅改善，将有越来越多的有实力的企业到日本投资，预计未来5～10年，除了服务业、商业、软件、电子等传统领域外，高端机械制造、医疗卫生以及研发领域将成为中国对日投资的重点领域。当然，在这一过程中不可欠缺的重要前提之一就是中日两国政治关系的良性发展。⑤

参考资料

[1] 长岛忠之.多样化的中国对日直接投资.中国经济，日本贸易振兴会，2012（5）.

[2] 川井伸一.中国跨国企业的海外经营.日本评论社，2013（2）.

[3] 米川拓也.快速发展的中国对外直接投资.中国经济.日本贸易振兴会，2013（2）.

[4] 裴长洪，樊英.中国企业对外直接投资的国家特有优势.中国工业经济，2010（7）.

[5] 许卫东.浅议中国大陆企业对日直接投资的发展趋势与商务合作模式的创新问题.大阪大学中国文化论坛.2011（10）.

[6] 张青松.日本对华直接投资研究.中国社会科学文献出版社，2007（5）.

[7] 商务部，国家统计局.中国对外直接投资统计公报.2008—2010年版.

中国对非洲直接投资的前景展望

胡 祖 铨

（国家信息中心经济预测部，北京 100045）

摘　要： 20世纪90年代以来，在中国政府"走出去"战略和中非合作论坛的推动下，中非经贸合作关系迅速发展。中国与非洲在经济比较优势上强烈互补、在发展阶段上梯次衔接，具有实现可持续合作共赢的良好基础。本文分析了中国企业对非直接投资的重点领域，并列举了可能面临的五个挑战，以期为提升中非投资合作的质量和水平提供思路。

关键词： 对非直接投资；投资领域；挑战

一、引言

非洲位于东半球的西南部，地跨赤道南北。东濒印度洋，西临大西洋，北隔地中海和直布罗陀海峡与欧洲相望，东北隅以狭长的红海和苏伊士运河紧邻亚洲。非洲是世界上发展中国家最集中的大陆，自然资源和市场潜力巨大，人口规模近9亿。

由于中国和非洲在经济上具有强烈的互补性，在发展阶段上梯次衔接，中非经贸合作关系历史悠久、发展迅速。中非贸易额自2000年突破100亿美元以来，保持了27.7%的年均增幅，至2012年已达到1984.8亿美元。2003~2012年，中国对非直接投资流量由0.7亿美元增至25.2亿美元，年均增长47.8%；对非直接投资存量由4.9亿美元增至212.3亿美元，年均增长52%。截至2012年底，中国已经成为非洲第一大贸易伙伴国，同时也是非洲重要的发展合作伙伴和新兴投资来源地。非洲也成为中国重要的进口来源地、第二大海外工程承包市场（仅次于亚洲）和第四大投资目的地。

二、对非洲直接投资的巨大潜力

非洲大陆人口众多、资源丰富、市场广大，非洲崛起是今后一段时期的大概率事件，将为我国对非的直接投资提供良好的机遇。进入21世纪以来，非洲不再是大众想象中的"绝望的大陆"，而是成为具有重大发展潜力的"崛起"的大陆。在21世纪头10年中，非洲一直是世界上第二个经济增长最快的地区，全球增长最快的10个经济体中有6个来自非洲。其中有8年，非洲的经济增长速度超过了包括日本在内的东亚。非洲提供了比世界上其他地区更高的投资回报率。从政治局面来讲，尽管有一些国家和个别地区还存在着局部的冲突，但总体而言，非洲国家还是处于一个比较稳定的状态。非洲各国政府也已经认识到经济发展在解决政治、社会、生态等一系列问题的优先性，把经济发展视为其主要的工作目标。这些有利条件都为在非洲的直接投资增长创造了良好的环境。

三、中国对非洲投资的重点领域

中国和非洲经济具有强烈的互补性，在发展阶段上也呈现出梯次衔接的特征。非洲的农业开发技术相对薄弱，中国作为农业大国，有着适合非洲大陆推广的生物农业技术。非洲的电力、交通运输、通讯等基础设施薄弱，中国则在近二十年的基础设施建设高速发展时期积累了丰富的产能和建设经验。非洲的卫生安全隐患突出，中国则有着丰富的中医药资源。非洲具有丰富的矿产资源，中国则有着满足石油消耗需求、分散石油进口集中度的迫切需求。非洲的制造业相对不够发达，中国则是"世界工厂"，制造业实力比较雄厚。

（一）农业领域

非洲拥有世界上约27%的可耕地和得天独厚的气候条件，是发展农业生产的比较优势地区。但是由于政治、技术等多方面原因，非洲国家的农业普遍发展落后，粮食问题长期得不到有效解决，严重影响着非洲人民的生命健康和社会稳定。《2013非洲经济发展报告》指出，2007年至2011年期间，非洲有37个国家是粮食净进口国，还有22个国家是农产原料净进口国。同时，非洲各国政府日益重视农业发展，对农业领域的外国直接投资普遍持欢迎态度。由此可见非洲有着巨大的农业投资潜力。

中国是农业大国，农业生产经验相当丰富，粮食产量已经实现历史性的"十连增"。目前已经有不少中国企业（如中国农垦）投资于非洲的农业部门，受到非洲国家的欢迎。中国可以将成熟的农业种植技术、生物农业技术引进非洲，帮助非洲国家增加粮食产量，缓解饥饿、贫困和环境恶化等一系列问题。

（二）基础设施建设

电力、交通运输、通讯等基础设施薄弱一直是制约非洲经济发展的重要瓶颈。以电力供应为例，据世界银行统计，撒哈拉以南非洲地区3/4的家庭用不上电。在非洲很多国家，停电几乎是家常便饭。基础设施建设属于社会先行资本，是经济社会发展的奠基石，经济的发展腾飞离不开前期配套基础设施的改善。而非洲国家大多处于经济起飞阶段，面临着建设资金不足、技术水平不高、先进管理经验匮乏等难题，很难有效组织起大规模的基础设施建设。因此，非洲国家迫切需要通过吸引外资来突破资金约束和技术瓶颈，开展基础设施建设。

经过近二十年的高速发展，中国基础设施建设情况已经大为改善，建设能力和经验有了足够的积累。已经有不少中国企业和金融机构通过多种方式参与非洲电力、交通运输、通讯等基础设施项目建设。2012年，中国企业在非洲完成承包工程营业额408.3亿美元，比2009年增长了45%，占中国对外承包工程完成营业总额的35.02%。非洲已连续四年成为中国第二大海外工程承包市场。中国与非洲国家在水电站建设、电网铺设等方面合作密切，缓解了非洲部分国家长期存在的电力危机。中国建筑类企业在非洲已经建成了大量市政道路、高速公路、立交桥、铁路和港口项目，有效改善了非洲国家的通行状况，促进了非洲国家内部和国家间的经贸发展和人员往来。中国通讯类企业在非洲参与光纤传输骨干网、固定电话、移动通讯、互联网等通信设施建设，扩大了非洲国家电信网络的覆盖范围，提升了通讯服务质量，降低了通讯资费。

（三）医药产业领域

非洲属于流行病高发区，疟疾、艾滋病、霍乱、结核病、黑热病、鼠疫、非洲锥虫病（昏睡病）和黄热病等多种致命疾病在此流行。每年有近3亿人感染疟疾，导致约270万人死亡，90%的疟疾死亡者是非洲次撒哈拉沙漠地区的儿童。结核病患者每年以200万人的速度增长。卫生安全问题极大地困扰着非洲的稳定发展，因此非洲国家非常关注医药产业的发展，欢迎在医药产业领域的直接投资。

中国医药产业虽然整体上水平还比较低，但是传统中医中药对疟疾和艾滋病等疾病的疗效正在得到越来越多的国家的认可。例如，从中草药青蒿中提取的青蒿素是治疗疟疾的特效药，而这种中草药大量分布在我国广西、云南、四川、重庆等省市。北京华立科泰医药公司是中国最早向非洲出口青蒿类药物的公司，现每年有几百万盒成品药制剂销往非洲20多个国家。中国还是全世界少有的几个拥有人工种植青蒿技术的国家，如果将这种技术引入非洲，不仅可获得巨大的经济效益，而且还会产生良好的社会效益。

（四）能源资源开发

非洲是世界上矿产资源非常丰富的地区，其中已探明石油储量约1200亿桶，占世界总储量的近10%，已探明天然气储量约15万亿立方米，占世界总储量的近8%，还有黄金、钻石、钴、铬、铂、银、锰、锗、钯、磷酸盐、铀和铜等十几种珍稀矿物的储量居世界第一位。以石油为例，西非的几内亚湾是世界石油资源战略要地之一，虽然储量不及西亚，但含硫量少，属于高质量的轻质石油，提炼难度和成本都低于西亚地区的石油。

中国能源资源短缺问题随着经济发展愈发显现。据发改委能源研究所预测，2015年中国石油对外依存度将达到60%左右。除对外依存度高以外，中国石油进口高度集中，来自中东地区的石油进口占石油总进口的51%，远远高出非洲所占的24%。石油进口高度集中蕴含着巨大风险，中国基于保障能源安全的角度出发，有着对非洲能源资源进行直接投资的现实需求。此外，采矿业是不少非洲国家的支柱产业，尤其是在国际矿产品价格不断走高的形势下，采矿业的投资回报率较大，开发矿产资源成为许多非洲国家的优先选择，也是近年来中国企业对非直接投资比较热衷的领域。

（五）制造业

非洲国家的制造业普遍不够发达，工业制成品主要依赖从国外进口。例如，南非是非洲经济发展水平最高的国家，制造业门类相对齐全，但其制造业增加值仅占国内生产总值的11%左右。根据经济发展的历史经验，强大的制造业及其他工业产业是经济发展升级、提高生产附加值的必由之路。因此非洲各国都十分重视发展国内的制造业，视为国民经济发展的重要领域。

中国则是制造业相对发达，在全球生产格局中扮演着"世界工厂"的角色。受金融危机拖累，中国制造业面临着产能过剩的困扰，对外走出去的内生需求得到加强。制造业也一直是中国对非投资的重点领域，2009~2012年，中国企业对非制造业直接投资额合计达13.3亿美元，2012年底，在非制造业投资存量达34.3亿美元。中国企业在马里投资糖厂，在埃塞俄比亚建立玻璃、皮革、药用胶囊和汽车生产企业，在乌干达投资纺织和钢管生产项目等，不仅延长了中国产品的生命周期、有效利用了已有产能，也充分弥补了所在国自然条件、资源禀赋的不足，创造了大量税收和就业，延长了"非洲制造"的增值链。

四、对非直接投资面临的挑战

展望未来的对非直接投资，应该继续在经济比较优势强烈互补、发展阶段梯次衔接的基础上，实现可持续的中非合作共赢。中国企业在非洲直接投资虽然可以获得较高的资本回报率，但也不可忽视可能需要面对的诸多挑战。

（一）社会政局动荡、安全隐患突出

受西方殖民的历史原因影响，非洲地区的国家建设滞后，加上民族、宗教、边界等一系列复杂问题，导致非洲社会面临严重的经济和社会矛盾，很容易引发社会政局动荡、安全隐患突出。

（二）法制观念淡薄、社会腐败严重

受殖民地时代宗主国的影响，大多数非洲国家建立了以宪法和宪政制度为基础的西方式法律体系。但是以部落酋长制度为代表的文化模式根深蒂固，富有现代精神的法律在非洲大陆难以有效施行。非洲社会的法制观念淡薄，执法不严、违法不究的情况比较普遍。受此影响，非洲国家的政府效率普遍低下，行政权力无法得到充分约束，腐败问题比较严重。

（三）历史文化差异较大

非洲各部落独特的历史、文化、社会组织及处事哲学，加上奴役非洲数百年的宗主国文化影响，造就了非洲人特有的文化取向、宗教信仰、风俗习惯、思维方式和交流风格。中国企业在非洲进行直接投资，就必须要面对并且尽快适应非洲和中国之间巨大的历史文化差异，才能更好地生产经营。

（四）劳资纠纷频发、员工聘用困难

非洲各国的工会组织比较健全，许多国家都有严格的劳工权益保障机制。中资企业相对缺乏国际管理经验，对东道国情况缺乏了解，加之对雇员本土化战略存在疑虑，限制了当地雇员的发展空间，容易引发工人罢工、企业停产等劳资纠纷事件。另外，由于教育落后和自然条件优越养成的懒惰习性等原因，非洲普遍缺乏高素质劳动力，甚至很难在当地招聘到合格的普通技工。

（五）西方舆论指责

随着中国与非洲经济关系的日益加强，西方发达国家在非洲的经济利益受到一定程度上的损害，由此展开与中国之间激烈的政治和经济博弈。对于中国企业在非洲直接投资过程中发生的一些小问题，西方媒体往往会进行夸大的负面宣传，渲染中国对非洲国家的贷款和援助项目助长了"腐败"，甚至恶意中伤中国在非洲搞"新殖民主义"。

参考文献

[1]Marton P. Us Policy Towards Africa: Ensuring Optimisation, Access, And Options[J]. Periodical Of The Military National Security Service, 18.

[2] 孙健. 中国对西非石油投资的现状、挑战及对策. 大连海事大学学报（社会科学版），2013 年 02 期.

[3] 刘爱兰，黄梅波. 中国对非洲直接投资的影响分析. 国际经济合作，2012（02）.

[4] 刘曙光，郭宏宇. 对非投资的政治风险：新动向与应对建议. 国际经济合作，2012 年 11 期.

[5] 李开盂. 投资非洲应对十大障碍. 中国投资，2013（02）.

[6] 国务院新闻办公室. 中国与非洲经贸合作（2013）白皮书.

（上接第 10 页）而就，需要做许多艰苦细致的工作。但不必等待"齐头并进"，可以有先有后，先易后难，成熟一项、推行一项，抓紧解决存在问题，这也有利于鼓舞民心。有的则要先试点后推开，把顶层设计和"摸着石头过河"结合起来。第三，全面深化改革从哪里突破？正如习近平总书记所说："改革要从群众最期盼的领域改起。"据民意调查，群众最不满意的事情是贪腐现象普遍、严重，最期盼做的事情是强力、有效地反贪腐。反贪腐，可以保护改革与发展带来的巨大成果，防止大量社会财富为少数"蛀虫"所吞噬；可以正党风与社会风气；可以大大提高党和政府的威望、大大凝聚改革与发展的正能量。现在，反贪腐已见起色，"老虎、苍蝇一起打"，但最重要的是要建立反贪腐的长效机制，使人不敢贪腐、贪腐必遭严惩，使人不敢为贪腐者说情、说情者以包庇论罪。这就是说，改革要从反贪腐做起，反贪腐要从法制建设做起，建立一套直属于全国人大、独立于各级党政之外的反贪腐法治体系。

中国企业海外上市"预演"必要性分析

赵忆箫

（对外经济贸易大学国际经贸学院，北京 100029）

随着我国市场经济的不断发展和对外开放，中国企业除了对外投资、对外承包工程、对外劳务合作等传统"走出去"形式之外，越来越多的企业选择了"境外上市"的道路，其中既包括中国电信、中国网通、中联通、中石化等一大批国有企业，也包括新浪、亚信、搜狐、UT斯达康、盛大等一大批新经济企业。然而近年来，就在不少国内企业为海外上市跃跃欲试之际，以"香橼"、"浑水"为首的境外做空机构频频对"中概股"进行做空的举动，使一大批准备"走出去"的企业谈虎色变，退回国门之内。而"中概股"频遭做空无力还击，其中很大一部分原因，可能还在于我国尚未建立起健全的做空机制：一方面，面对突如其来的"空袭"，中国企业不知如何应对；其次，不少借壳上市的企业由于缺乏有效监管，其财务报表存在严重漏洞，而这必然成为境外做空机构的重点目标。

种种迹象表明，中国企业想要成功在外上市融资，必将先依赖于国内经济市场的保驾护航。而目前我国只有做多没有做空的"跛行"市场，必然不利于我国企业海外上市的平稳发展。因此，加快发展健全的国内市场"做空机制"，也是发展中国企业未来走出去道路的重中之重。

一、中国企业"走出去"上市背景

自1990年中信泰富在香港地区借壳上市后，中国企业掀起了在海外融资的序幕，并一度经历几次大的企业"出国"浪潮。绝大多数公司选择在美上市，最主要的原因在于美国上市采取注册制而非审批制。这意味着公司上市更加容易，上市条件较为宽松，对于企业业绩没有严格要求。相比之下，在中国上市条件不仅极为严苛，排队审批制度也使急于融资的企业等待时间过长，耗费巨大的成本，且很大一部分公司根本满足不了国内上市的条件，这也是很多企业选择海外融资的主要原因。举个简单的例子，即使选择创业板上市，要达到的基本财务要求是："最近2年连续盈利，最近两年净利润累计不少于1000万元，且持续增长"或"最近一年盈利，且净利润不少于500万元，最近一年营业收入不少于5000万元，最近两年营业收入增长率均不低于30%"；"发行前净资产不少于2000万元"。而2010年在美上市的优酷，到上市时还处于亏损状态，更不要说企图在A股上市了。可见，只要内地上市条件不肯放松，中国企业"走出去"上市的趋势还会不断加强，因此，关注这些企业的发展状况对整个中国的经济市场都是十分必要的。

二、从"中概股危机"体现出的上市企业走出去隐患

1. 中概股概念

概念股是与业绩股相对而言的。业绩股需要有良好的业绩支撑。概念股则是依靠某一种题材比如资产重组概念、三通概念等支撑价格。

中国概念股在国外上市的中国注册的公司，或虽在国外注册但业务和关系在大陆的公司的股票，是外资因为看好中国经济成长而对所有在海外上市的中国股票的称呼。

中国概念股是相对于海外市场来说的，同一个公司可以在不同的股票市场分别上市，所以，某些中国概念股公司是可能在国内同时上市的。美国接受中国概念股的原因主要是中国的庞大市场的影响，是相当于投资中国公司，但这个原因主要是资本的利益取向，为了追求更高的投资回报。

2. 中概股危机？——遭遇"做空"的危机

2010 年，40 家中国公司成功在美国上市，打破了 2007 年创造的 37 家中国公司赴美 IPO 的最高纪录，40 家公司 IPO 总共募集资金 38.12 亿美元。

随着中国经济在经济危机中率先复苏且经济运行平稳，海外投资者对中国未来经济发展抱有希望，中国概念股因此受到热捧，中国走出去上市的企业似乎迎来了"新的春天"。然而，这个春天很快就过去了——2011 年年初起，中国概念股就陷入了重大的危机之中。

目前，在美国三大主板市场上的中概企业，超过 70% 的股票价格都在 5 美元以下，38.5% 的股票价格在 2 美元以下。价格超过 10 美元的股票仅占 15% 不到。截至 2011 年 11 月，被长期停牌和已经退市的中概企业总数达 46 家。其中，29 家被勒令退市，9 家通过私有化退市，1 家主动退回 OTCBB 场外市场交易，1 家因申请破产而退市，另有 6 家企业的股票被停牌。中国概念公司普遍面临着估值低、融资难、维护贵等问题。美国上市的中国概念股市盈率普遍不到 20 倍，远低于创业板 40~60 倍市盈率，有些中国概念公司市盈率甚至不足 1 倍，严重被低估。

分析危机的原因，除了受美国经济不振的影响外，更多的重创则实是来自潜藏的幕后黑手——做空机构的猎杀。

受巨额利润诱惑，许多做空者已从上市公司天然的"监督者"，变异成不择手段的逐利者，并已形成一条"做空产业链"，从中获取巨额回报。这些做空机构的猎杀对中国公司造成的打击十分沉重：曾被 AlfredLittle 做空的中国公司希尔威遭遇"空袭"后，不得不花费 250 万美元请四大之一的毕马威证明清白，又耗费 3500 万美元回购公司股票，公司市值一夜间少了几亿美元，尽管最终没有被拖下水，但也损失惨重。

3. 无法绕行的"香橼"、"浑水"——加强"空袭"演练的紧迫性

网上曾有这样一副对联：

上联：香橼卖空浑水摸鱼

下联：金融赖账趁火打劫

横批：中概腹背受敌

虽然系调侃娱乐之作，却准确概括了以"香橼"、"浑水"为首的做空机构对中概股的巨大影响。

"香橼"和"浑水"都是近年来专门以发布中概股财务造假调查报告而闻名的做空机构。《经济参考报》也曾发表评论称，香橼研究公司(Citron Research)是家影响较大的研究机构。其盈利模式并不复杂，简单来看，大致是事先建立相关公司的看空仓位，然后发布质疑的研究报告，并直接披露自己已经做空该股，请读者自己判断。其言论表面上是一种客观中立的态度，但实际对投资者的心理暗示作用非常明显，一旦相关公司因此被抛售导致股价大跌，它们就可从中赢利。从"奇虎 360"、"恒大地产"等"明星股"到不知名的小型中概股，都是他们"空袭"的对象。中国想要走出去上市的企业已经不能不无视他们的存在。

那么，面对愈演愈烈的"空袭"，中国企业又该何去何从呢？

最根本的，正如俞敏洪在新东方遭遇做空后所说的一样，不能做"有缝的鸡蛋"。做空机构也并不是随机选择中概股就进行猎杀，除了考虑公司规模和价值等因素以外，他们一定是看到了财务方面存在"可趁之机"才会下手。而如果你恰恰是那个"有缝的鸡蛋"，存在财务造假，那么必然会在"空袭"中原形毕露。

中概股为什么会成为众矢之的，与自身的原因也是密不可分的。在美国证监会披露的170多家借壳上市的公司名单中，大部分都是中国企业。且近年来如阿里巴巴和新浪等互联网明星都被质疑有内幕交易的存在，已经造成投资者的诚信恐慌，所以一旦做空机构指出某只中概股可能存在财务作假，投资者出于之前的信任危机，很有可能立刻抛售以防万一。这就使香橼浑水这些公司在做空使更容易得手。

然而，对于那些财务本身没有问题，却因为做空机构恶意发表的所谓正义的披露报告而使市值大跌的企业，确实需要一个有做空机制的资本市场，以加强时刻会被空袭的防范意识。当经历过国内空袭市场上的摸爬滚打，再面对境外做空机构的突然袭击时，必然已经有了类似的应对经验，而不会再被吓得惊慌失措主动退到场外甚至退市。

三、中国股市是否应健全空袭演练机制

1. 做空机制简介

做空机制是与做空紧密相连的一种运作机制，是指投资者因对整体股票市场或者某些个股的未来走向（包括短期和中长期）看跌所采取的保护自身利益和借机获利的操作方法以及与此有关的制度总和。

股票市场的平稳运行取决于做多与做空机制的协调发展，中国股票市场风险日益积累的重要原因之一就是与做多机制相对应的做空机制不完善并处于明显的劣势。

2. 发展做空机制的必要性

做空机制作为无形的监管者，最显而易见的作用之一在于挤走市场中的泡沫，挤去壳公司的水分。由于我国缺乏健全的做空机制对企业进行"淘沙"，存在着大量有问题却侥幸躲过监管的公司，并已成不小的气候。在外国监管者的连续操作之下，"挤中概"的趋势日益明显，"暴露出部分企业的造假问题和财务管理上的疏失，也同时体现出中国企业面对西方投资者质疑时应对经验的缺乏。国内股市投资者可以通过股指期货来做空大市，但并没有个股做空的工具。上市公司需要应对的利空，其主要来源是媒体报道和市场传言，而并没有专业做空者的参与。这也导致许多企业对处理市场利空事件缺乏历练和经验，在应对速度上和专业程度上，国内公司都与境外市场上市公司有较大差距。"由此可见，加快健全我国的做空机制作，是十分有必要的。笔者认为，做空机制的作用大致可用其扮演的以下三个角色来概括。

3. 企业的"鞭策者"

首先，需要强调的是，做空者尽管是打着道德的旗帜为自己谋取巨额利益，但做空者对企业的潜在的监督鞭策作用也是不可磨灭的。因为"做空"看上去手法简单，获利容易，但实际上做空者承担的风险也极其之大。我们所熟悉的"做多"如果不顺利，最大的损失就是全部的本金。但"做空"一旦失利，做空者的损失从理论上说可以是无穷大。因此，正如前文所说的，做空者不会"叮无缝的鸡蛋"，他们一定是出于某方面的理由相信一个公司有诚信问题存在时，才会冒这么大的风险实施"空袭"。很多人认为做空者专挑中国公司做空，是一场名副其实的阴谋，为的就是将中国公司赶出市场，然而只要清楚做空所需承担的风险，就不会这么轻易地下结论了。中国公司遭遇空袭的频率大，也有很大一部分原因是中国公司存在的问题多，财务编制上面的漏洞多，所以才会如此"招蜂引蝶"。而一旦建立起健全的做空机制，多多少少都会对不守规矩的企业起到震慑作用，让其不敢肆意妄为。

4.市场的"清道夫"

中国的股市发展与西方国家的股市有很大不同,从它的产生便体现出了本质的区别。中国的股市是改革开放的产物,其诞生不仅是应市场的需求,还担负着我国经济转型的历史包袱。发展经过十几年的历程,规模已十分可观,并拥有6000多万的投资人群,但由于我国市场的特殊条件,其发展一直被冠以"先天不足、后天畸形"的恶名,其规模的扩大与其承受能力并不能成正比,因此,不得不采取限制扩容等行政管理手段来勉强维持市场秩序。而做空机制的引入,实际上成为无形的监管者,帮助淘汰市场中有问题、不健康的股份,加强了有效竞争,挤走了市场的水分,对心怀不轨的圈钱企业也造成了一定压力,大有"杀鸡儆猴"的效果。尽管做空机制也可能导致"冤枉了好人",但总的来说,对形成一个有效良好的市场环境具有极大的促进作用。

5. 投资者的"避风港"

由于我国股市做空机制的不完善,股市呈现"单边市"特征,即投资者买涨不买跌,在牛市中的买涨行为导致牛市更牛,股市泡沫显现;而在熊市中,由于不能卖空,导致投资者的恐慌性抛售,使熊市更熊,股市陷入萧条。而做空机制的建立不仅给市场提供了一个回避风险的工具,也给广大的投资者提供了更多参与市场的机会,即在市场进入熊市时,做空仍然有可能获利。从而有效避免过去熊市中的多杀多现象。

四、结论

中国企业想要真正成功地走出去上市,在国门之外取得一席之地,无论是政府还是单独的企业个体,都一定要转变思路,不能只利用国内的经济市场条件和经验就想在国外"安营扎寨"。要在国外股市市场上做"常驻民"而不是"一日观光游",就一定要懂得"入乡随俗"——适应别人的游戏规则,懂得"适者生存"。而只有当我国的经济市场与时俱进,与国际接轨,为企业创造良好的国际化的经济市场氛围,才能为他们今后走出去打下良好的基础。

当然,市场的变革不可轻举妄动,否则做空机制的引入不仅不能给我国市场经济带来利益,反而会引起巨大的混乱,而这还需要不断地探索和整个市场的跟进。但我们一定要意识到,做空机制的完善是一个健康完整的市场经济必不可少的组成部分,即使我们不能在短时间内立刻建立一个如西方国家一样完整的做空体系,但一定要加快健全做空机制的进程。只有这样,我国走出去上市的企业才会在可能面临的"空袭"中存活,不断提高自己的生存能力和竞争力。⑤

(上接第19页)木或破坏草地。在土方开挖或施工过程中,如发现文物迹象,应局部或全部停工,采取有效的封闭保护措施,及时通知文物主管部门处理后,方可恢复施工。对具有特殊意义的树木,应采取有效措施给予保护。

(六)积极与媒体打交道,展现企业正面形象

首先,要重视信息披露。企业要建立正常的信息披露制度,正确处理与媒体的关系,善于与当地媒体打交道。正常情况下,对媒体的采访要求应积极配合,正确引导。其次,要重视宣传。企业在涉及重大社会敏感问题,特别是遭遇舆论负面宣传时,应注意做好宣传引导,通过主流媒体与大众交流。必要时,可通过召开新闻发布会等手段,正确引导当地主流媒体发布对本企业有利的正面宣传和报道,以正视听。最后,中国企业应学会主动与当地媒体打交道,欢迎媒体到企业参观采访,了解企业真实发展状况,引导媒体对企业经营活动进行宣传和监督。⑤

HE 火电项目锅炉和汽机安装工程的项目管理

顾 慰 慈

（华北电力大学，北京 102206）

摘　要：HE 火电项目是一座 2×300MW 的火力发电厂机组安装工程项目，施工前进行了充分和全面的施工准备工作，包括组织准备、现场调查、施工技术准备、资源准备、施工现场准备，施工过程中采取了严格的进度控制、质量控制、成本控制、安全控制、文明施工和环境管理，因此工程项目提前 1 个月完工，并全面实现项目的各项目标，工程质量优良，施工成本在计划成本范围内，施工中未发生重大人身伤亡和机械设备事故。

关键词：火力发电；安装工程；项目管理

HE 项目是一个火力发电工程项目，位于××市的高新工业园区附近，周边有公路、铁路和河流，水陆交通极其方便。

该工程的总容量为 1200MW，分两期建设，第一期为两台 300MW 燃煤发电机组工程，工程征地面积 0.6km²，厂址区域地形平坦，地面以下 2.0m 范围内为黏土，其下为淤泥质轻亚黏土，地下水位距地面 1.0m 左右。

电厂的主厂房为钢筋混凝土框架结构，立柱间距为 8.0m，立柱下面为独立的桩基础，基础桩均采用预应力钢筋混凝土管桩。

HE 项目于 2001 年 12 月招标，2001 年 4 月签订施工承包合同。合同规定：

（1）安装工程总工期为两年零四个月，要求 2003 年底并网发电。

（2）工程质量优良。

（3）工程无重大人身及机械设备安全事故。

（4）工程主要生产设备由甲方供应，其余由承包单位购买。

（5）主厂房土建施工于 2001 年 4 月 30 日全部完工。

一、HE 工程的施工准备工作

HE 工程在签订施工承包合同后，就着手进行施工准备工作。

（一）组织准备

1. 建立项目经理部

项目经理部分三个层次：

（1）决策层

1）项目经理 1 人；

2）项目副经理人；

3）项目总工程师 1 人；

4）项目总经济师 1 人。

（2）管理层

管理层设 6 个科室：

1）办公室（包含行政、人事、劳资）；

2）工程技术科（包含建筑安装、施工技术、档案）；

3）质量管理科；

4）计划核算科（包含计划、预算、财务、核算）；

5）物资设备科（包含材料、机械、设备、工器具）；

6）安全保卫科（包含安全、保卫、消防）。

（3）执行层

执行层设9个工地站（室）：

1）锅炉；

2）汽机；

3）电气仪表；

4）焊接；

5）机修；

6）机械化；

7）汽车队；

8）金属试验室；

9）电仪试验室。

图1为HE工程项目项目经理部的组织结构图。

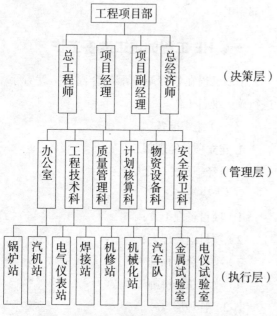

图1 HE工程项目经理部的组织结构

2. 建立项目管理规章制度

（1）责任制度

1）质量责任制；

2）安全生产责任制等。

（2）规章制度

1）施工专业类管理制度

①施工管理制度；

②质量管理制度；

③安全管理制度；

④材料管理制度；

⑤机械设备管理制度；

⑥劳动管理制度；

⑦财务管理制度；

⑧文明施工类管理制度等。

2）非施工管理制度

①合同类管理制度；

②分配类管理制度；

③核算类管理制度等。

（二）现场调查

（1）调查施工场地和附近的自然条件。

（2）调查施工区域内的技术经济条件。

如当地水、电、气的供应条件，地方材料的供应条件等。

（3）调查当地社会生活条件

①附近机关、企业、居民分布情况、生活习惯；

②附近交通情况；

③生活用品供应情况；

④医疗、商业、邮电、治安条件等。

（三）施工技术准备

1. 编制施工组织设计

（1）编制依据

1）国家和有关部门的规定；

2）合同文件；

3）设计图纸和设计文件；

4）施工现场调查资料；

5）国家和行业的有关标准；

6）企业的有关制度。

（2）施工组织设计内容

1）工程概况；

2）施工方案；

3）施工组织安排；

4）施工进度计划；

5）施工准备工作计划；

6）资源供应计划；

7）保证质量、安全、降低成本、文明施工和冬雨期施工的技术措施。

2. 编制施工预算

根据施工图预算，施工图纸、施工组织设计、施工定额等文件编制施工预算，作为项目经理部内部控制各项成本支出、考核用工、签发施工任务单、限额领料、基层进行经济核算的依据。

3. 熟悉和审查施工图纸

（1）组织有关人员熟悉施工图纸。

（2）组织有关人员自审施工图纸。

（3）在建设单位主持下由设计单位进行设计交底，然后由建设单位、设计单位、施工单位三方参加，并由施工单位对设计图纸提出疑问和建议，形成"图纸会审记要"，作为施工图纸的技术文件。

图纸审查的内容主要是：

（1）设计图纸是否完整齐全；

（2）设计图纸各组成部分之间有无矛盾与错误；

（3）设计图纸与说明书在内容上是否一致；

（4）总平面图与其他结构图在几何尺寸、坐标、标高、说明等方面是否一致，技术要求是否正确；

（5）生产工艺流程和技术要求，配套投产的先后顺序和相互关系，设备安装图纸与土建施工图纸在坐标、标高上是否一致；

（6）地下管网与建筑物之间的关系是否符合要求和规定；

（7）复核主要承重结构的强度、刚度和稳定性是否满足要求；

（8）检查现有施工水平和管理水平能否满足工期和质量要求，以及可采取的相应技术措施；

（9）明确分批投产和交付使用的顺序和时间；

（10）检查和明确工程所用的主要材料、设备的数量、规格、来源和供货日期。

4. 施工所需资料的准备

（1）施工图纸；

（2）与施工有关的文件、资料；

（3）有关的施工规范和标准；

（4）有关的验收规范和标准；

（5）作业指导书；

（6）材料使用说明书。

（四）资源准备

1. 人力资源准备

（1）项目经理部与企业劳务管理部门签订劳务合同；

（2）根据项目施工要求，组建施工队和施工班组；

（3）组织教育和培训，内容包括：

1）工程概况、目标和要求；

2）有关施工的法律、法规和规定；

3）企业的有关规章、制度；

4）基本操作技能培训；

（4）组织施工队伍进场。

2. 材料设备准备

（1）根据施工进度计划要求，按材料的名称、规格、使用时间、材料储备定额和消耗定额，编制材料需求计划，组织材料的采购订货，确定存放仓库和堆放场地，组织材料的运输。

（2）构（配）件、制品的加工准备。根据构（配）件、制品的名称、规格、质量和消耗量，确定加工方案和供应渠道，组织运输，并确定进场后的储存地点和方式。

3. 建筑安装机具的准备

（1）根据施工方案和施工进度安排，确定施工机械的类型、性能、数量和进场时间；

（2）确定施工机具的供应方式；

（3）确定施工机具进场后的存放地点和方式。

（五）施工现场准备

（1）场区各种施工管网（水、电、气等）的敷设。

（2）场内交通道路铺设。

（3）施工控制网的测量。

（4）施工临时设施的建设和安装场地的准备。

（5）施工人员生活区的建设。

（6）施工作业环境（如通风、照明、安全防护设施等）的准备。

（7）冬雨期施工的准备。

（六）施工作业条件准备

（1）进行施工测量放线。

（2）仪器、仪表的检验、试验。

（3）分配和下达施工任务。

（4）进行施工安全、技术交底。

图 2 为 HE 项目的施工准备工作图。

HE 项目由于施工前做了充分的施工准备工作，所以保证了项目如期开工并顺利地连续施工。

二、进度控制

首先对合同工期作进一步细化，确定下列各里程碑的进度：

（1）锅炉钢架吊装；

（2）锅炉汽包吊装；

（3）汽轮机台板就位；

（4）锅炉水压试验；

（5）汽轮机扣盖；

（6）DCS 机柜受电；

（7）锅炉化学清洗；

（8）锅炉首次点火；

（9）汽轮机冲转；

（10）并网发电。

例如 1 号机组的里程碑进度：

（1）锅炉钢架吊装：开始日期为 2001 年 7 月 18 日，完成日期为 2002 年 1 月 8 日；

（2）锅炉汽包吊装：开始日期为 2001 年 12 月 9 日，完成日期为 2002 年 4 月 25 日；

（3）汽轮机台板就位：开始日期为 2002

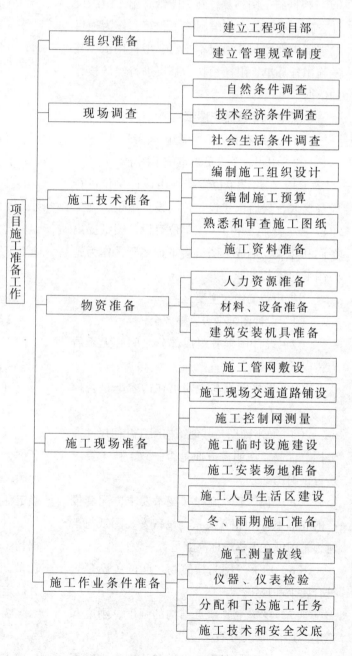

图 2　HE 项目的施工准备工作

年5月28日，完成日期为2002年10月25日；

（4）锅炉水压试验：开始日期为2002年11月31日，完成日期为2003年3月7日；

（5）汽轮机扣盖：开始日期为2002年9月13日，完成日期为2003年2月24日；

（6）DCS机柜受电：开始日期为2002年9月29日；

（7）锅炉化学清洗：开始日期为2003年2月12日，完成日期为2003年3月5日；

（8）锅炉首次点火：开始日期为2003年4月30日，完成日期为2003年9月10日；

（9）汽轮机冲转：开始日期为2003年4月30日，完成日期为2003年9月10日；

（10）并网发电：开始日期为2003年7月14日。

以里程碑进度为控制点，编制施工综合进度计划、年度施工进度计划、月施工进度计划和周施工进度计划等四级进度计划，以周进度保月进度计划的实现，以月进度保年进度计划的实现。

根据四级进度计划和施工程序，确定每道工序的工程量，以及完成该工程量所需的劳动力，机械设备台数和材料的消耗量，并据此确定和编制各专业在各阶段工序资源的配置表。

项目经理部与项目监理单位建立周例会制度，每周周一召开一次碰头会，总结前一周进度计划的执行情况，安排下一周的进度，如前一周的进度拖后，必须说明原因，并立即采取相应的有效措施修改原进度计划，经审批后正式实施。

在施工中如因业主原因、设备供应问题和施工环境变化等因素，都要根据具体情况，采取相应措施，及时调整施工进度计划，但必须确保里程碑进度不变。

除此之外，对每个主要施工项目还要定期召开专业碰头会，如锅炉化学清洗碰头会等，研究解决落实施工进度、机具状况、劳动力安排、

吊架机械使用、材料设备到货情况等，以保证施工进度计划的实施。

三、质量控制

（一）开展质量教育和培训

质量教育和培训的目的是提高施工队伍对工程质量重要性的认识，培养质量意识和质量责任心，使得人人重视质量，人人抓质量，同时能熟练地掌握相应的施工技术和操作技能，以保证工程项目的顺利实施和质量目标的实现。

质量教育和培训的内容为：

（1）质量意识教育；

（2）质量目标教育；

（3）有关的施工技术和方法；

（4）材料的性能和使用方法；

（5）新技术和新工艺；

（6）常见的质量通病及其预防方法；

（7）有关的施工规范和操作规程；

（8）施工操作技能培训；

为了保证教育培训的效果，在教育培训结束后要进行考核，在考核的基础上进行奖惩。

（二）加强技术交底工作

技术交底的目的是使施工人员对施工项目及技术要求做到心中有数，以便科学地组织施工和按既定的程序及工艺进行操作，从而确保工程质量、工期、成本目标的实现。

技术交底的目的是使施工人员对施工项目及技术要求做到心中有数，以便科学地组织施工和按既定的程序及工艺进行操作，从而确保工程质量、工期、成本目标的实现。

技术交底分两级进行：

（1）企业劳务管理部门向施工队有关人员进行技术交底；

（2）施工队技术人员向施工班组进行技术交底；

技术交底的内容主要包括：

（1）工程概况、工程特点、施工特点、

进度及工期要求；

（2）施工程序、工序穿插配合安排；

（3）施工方法、施工工艺及技术要求；

（4）施工中可能出现的质量通病及其预防方法；

（5）执行的施工技术规范、操作规程、质量检验标准、质量验收规范；

（6）保证质量的技术措施和要求；

（7）施工中应注意的有关问题。

（三）设置质量控制点

在施工组织设计中编制了机、炉、电、热控各专业的质量检查项目表和焊接工程一览表，并设置了 W 点（见证点）和 H 点（停工待检点），并严格实施。

隐蔽工程和重要工序施工完成后，经施工单位各级检验合格后，报请监理单位检验，经监理工程师验收合格签证后，才能进行下一道工序的施工。

HE 项目的两台机组共设置了 10305 个 W 点和 96165 个 H 点。

（四）加强质量检查和检验

加强施工工序质量的检查和检验是保证工程项目施工质量的重要手段，HE 项目采取了下列质量检查、检验措施：

（1）班组自检。每道工序完成后，施工班组应对照质量标准进行自我检查。

（2）班组互检。在施工班组自检合格的基础上，由同一专业的另一班组对工序质量进行检查，检查不合格不得交接班。

（3）交接检查。在工序交接时，由下一个接班的施工班组对上一个施工班组的工序质量进行检查，检查不合格不得交接班。

（4）专职人员检验。在班组自检、班组互检和班组交接检查合格的基础上，由专职的质量人员对工序质量进行检查验收，并做好检查记录核签工作。

（5）监理人员检查验收。对于重要工序

和隐蔽工程，在施工单位专职质量人员检查验收合格后，报请监理单位检查验收，经监理工程师检查验收合格并签证后，施工单位才能进行下一道工序的施工。

在质量检验中，要根据规定进行必要的试验和检测，如焊缝的无损检测，包括焊缝的外观检查、着色探伤、磁粉探伤、射线探伤、超声波探伤等。

此外，质量人员还对施工材料和施工过程进行随机抽查，例如对焊接材料和焊接过程（包括对口间隙、坡口角度、钝边角度、预热进行随机抽查，例如热温度、焊后热处理温度等）进行抽查，以保证焊缝的焊接质量。

（五）对材料、设备的接收、储存和运输进行控制

1. 到场的材料和设备要会同有关单位共同进行验收

（1）对建设单位提供的材料和设备，由施工单位会同建设单位监理单位和供应商共同检查验收。

（2）对施工单位采购的材料和设备，由施工单位会同监理单位和供应单位共同验收。

2. 对材料、设备的储存进行监督检查

在施工前，材料和设备应按规定进行储存和维护，对温度、湿度有特殊要求的材料和设备，在维护和储存期间，除监督其正常的维护工作外，还要定期检查其储存的温度和湿度，并作好记录。

3. 对材料、设备运输的质量控制

大型设备的运输通常均承包给物流公司来进行，因此对设备运输质量的控制，主要是由施工单位质量部门人员会同建设单位质量人员和监理人员，对大型设备运输的道路、起吊工器具、机具等进行审核，确认其运输方案的合理性和可靠性。

（六）计量管理

计量管理是质量控制的一个重要环节，所

有的测量工器具、仪器、仪表都要按相关规定进行定期标定，以保证这些测量工器具、仪器、仪表均处于合理状态和所测量的数据的精确性，这对设备的安装质量起着重要作用。

标定工作每半年进行一次，标定的方式可根据具体情况而定，可用油漆标明或打上钢印，但应醒目和便于检查。如起吊钢丝绳在通过负载试验后由鼻子侧套进大小相同的钢管段，将标定打在钢管段上；起吊葫芦在通过负载试验后，可将标定用油漆注明在葫芦侧面。

HE项目由于采取了严格的质量控制措施，大大提高了施工的质量，两台机组25000多个受焊焊口的焊接一次合格率达到96.76%，通过水压试验和点火试运行，焊口无一泄漏。

四、成本控制

施工项目成本控制，就是在工程施工过程中运用必要的技术与管理手段对物化劳动和活劳动消耗进行严格组织和监督的过程。

首先是根据成本预测、决策的结果，并考虑企业经营需要和经营水平编制成本计划，作为成本控制的标准。然后在成本计划实施过程中进行成本核算、成本检查、成本分析和考核。

（1）成本计划实施。根据成本计划所作的具体安排，对施工项目的各项费用支出实施控制，并不断收集成本计划实施中的各种信息，与计划相比较，发现偏差，分析原因，采取相应措施及时纠正，确保成本目标的实现。

（2）成本核算。在整个施工过程中，对施工中所发生的各种费用支出和成本形成进行核算，为成本控制各环节提供资料。

（3）成本检查。根据成本核算结果和成本计划实施情况，检查成本计划完成情况和评价成本控制水平，为调整和修正成本计划提供依据。

（4）成本分析和考核。对成本计划的执行情况和成本状况进行分析，总结成本控制的经验和教训，并通过成本考核来考查责任成本的完成情况，以调动责任者进行成本控制的积极性。

在施工过程中采取相应措施降低施工成本，主要有技术组织措施控制人工费用、控制机械费用、控制材料费用、加强施工收尾阶段成本控制。

1. 技术组织措施

（1）技术措施

1）改进施工方法和施工工艺。

2）降低生产消耗。

（2）组织措施

组织措施主要从两方面着手：

1）改进企业经营管理；

2）改进施工管理。

通过改进经营管理和施工管理，以降低固定成本，消降非生产性损失，提高生产效率和组织管理效果。

2. 人工费用控制

（1）各部门根据自身任务严把用人、用工关，用人、用工要经审批。

（2）施工班组每月完成工作量与收入挂钩，实行工资总额包干。

（3）对零星用工采取以下措施控制：

1）对定额范围以外的用工，实行审批制度；

2）用工数量由领导、技术人员和生产骨干讨论确定；

3）按定额用工的一定比例由施工队包干。

3. 机械费控制

（1）机械设备的租赁，根据实际需要采用日程、月租、年租的方式，减少机械设备的闲置，提高机械设备的使用率。

（2）加强机械设备的维修保养，使机械设备始终处于完好状态，以提高机械设备的使用效率和生产水平。

（3）机械设备的使用操作，严格按操作

规程进行，避免机械设备在使用中出现故障和损坏。

4. 材料费用控制

（1）加强材料的计划管理，编制准确和详细的材料供应计划，做到随用随到，避免积压和损失。

（2）加强材料进场的验收和保管

1）材料进场时要进行验收，查验材料的质量保证资料（材料的合格证书、技术说明书、材质检测单），根据材料计划和送料凭证检查材料的规格、品种、型号、外观、数量，并进行必要的检验。

2）材料进场后建立台账，做到日清月结，定期盘点，账实相符。

3）加强材料的保管，做到防火、防盗、防雨、防变质、防损坏。

（3）对材料的领用使用进行监管

1）凭限额领料单领发材料。

2）超额用料必须填限额领料单，注明超耗原因，经签发批准后才能领发材料。

3）建立领发料台账，记录领发料状况和节超状况。

4）对现场使用材料进行监督管理

①是否合理用料；

②是否按规定配合比进行配料；

③是否按规定领发材料；

④是否做到谁用谁清，随清随用，工完终场地清；

⑤是否按规定进行用料交底；

⑥工序交接是否按要求保护材料；

⑦是否发现问题及时处理。

5）加强材料回收，包括废料、旧料、余料等，回收材料应有记录和台账。

（4）加强周围材料的管理

1）周转材料进、出场时认真清点核实。

2）建立周转材料领用制度，领用时应办理相应手续。

3）周转材料使用后要及时如数归还，如有损坏或丢失，应视情况进行报废和赔偿。

4）归还的周转材料要整理、堆码，并及时退场，以加快材料的周转，节省租赁费用，并有利于场地的整洁。

5. 加强现场文明施工管理

（1）现场材料根据施工平面布置图按规定地点和要求进行堆放，避免二次搬运和施工时用错材料。

（2）不得在施工现场任意开辟和阻断道路，造成道路中断，影响物资运输。

（3）保证现场排水系统畅通，以免现场积水和道路泥泞，影响交通。

6. 加强收尾阶段成本控制，及时办理工程结算

（1）采取相应措施尽量缩短工程收尾时间。

（2）安排精干的技术人员和预算人员及时整理技术资料和经济资料，做到资料齐全、准确，符合要求。

（3）及时办理工程结算。

图 3 为 HE 项目的成本管理图。

五、安全控制

施工项目的安全管理就是在施工项目施工过程中，组织安全生产的全部管理活动，通过对生产因素的控制，减少和消除不安全行为和状态，避免管理活动，避免事故的发生，以保证施工项目目标的实现。

在 HE 项目施工中，采取了下列安全控制措施：建立健全安全生产责任制；进行安全教育培训；进行安全交底；进行危险源辨识、风险分析和风险控制；进行安全检查和评价。

（一）建立健全安全生产责任制

建立健全各级人员安全生产责任制度，明确各级人员的安全责任，狠抓制度落实和责任落实，定期检查安全责任落实情况。

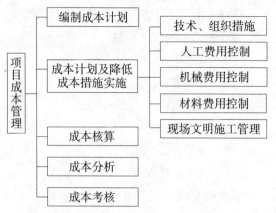

图3 施工项目成本管理图

（1）明确项目经理是施工项目安全管理第一责任人；

（2）各级职能部门、人员在各自业务范围内，对实现安全生产的要求负责；

（3）施工班组对本班组范围内的安全生产负责；

（4）一切人事生产管理和操作的人员均须通过安全审查，取得安全操作许可证，持证上岗；

（5）一切管理、操作人员均须与施工项目签订安全协议，向施工项目作出安全保证。

（二）进行安全教育培训

进行工程项目部、施工队和施工班组三级安全教育，教育的主要内容如下。

1. 工程项目部

（1）国家、地方、行业的健康安全和环境保护法规、制度、标准；

（2）企业安全工作特点；

（3）工程项目安全状况；

（4）安全防护知识；

（5）典型事故案例。

2. 施工队

（1）工地的施工特点及状况；

（2）工种的专业安全技术要求；

（3）专业工作区域内主要危险作业场所及有毒、有害作业场所的安全要求和环境卫生、

文明施工要求。

3. 施工班组

（1）本班组、工种的安全施工特点和状况；

（2）施工中所使用的工具、机具的性能和操作要领；

（3）作业环境、危险源的控制措施；

（4）个人防护用具的使用方法和个人防护的要求；

（5）文明施工的要求。

每年年初和工程开工前，组织全体施工人员进行一次安全工作规程、规定、制度的学习、考试和取证。

对新入队的工人（包括正式工、合同工、临时工）进行不少于40课时的三级安全教育培训，经考试合格后，持证上岗工作。

（三）进行危险源辨识、风险分析和风险控制

危险源是指可能导致伤害、财产损失、工作环境破坏或这些情况组合的根源或状态。危险源辨识就是找出与每项工作活动有关的所有危险源；风险分析是确定危险源生产的风险，衡量其风险水平，判断该风险是否允许；风险控制是根据危险源情况和风险状况制定相应的安全技术措施及安全技术措施计划，并组织实施。

安全风险通常分为五级，即：

（1）Ⅰ级——可忽略风险；

（2）Ⅱ级——可容许风险；

（3）Ⅲ级——中度风险；

（4）Ⅳ级——重大风险；

（5）Ⅴ级——不容许风险。

风险的等级按下式确定：

$$R = P \cdot f$$

式中 R——风险等级；

P——危险情况发生的概率；

f——发生危险后，造成的后果的严重程度。

安全技术措施计划的主要内容为：

（1）工程概况；

（2）控制目标和控制程序；

（3）组织结构；

（4）职责和权限；

（5）安全规章、制度；

（6）资源配置；

（7）安全措施；

（8）检查评价；

（9）奖惩制度。

（四）进行安全技术交底

实行逐级安全技术交底，工程项目部向施工队交底，施工队向班组交底。安全技术交底必须具体、明确、有针对性，应针对分部分项工程和施工难度大、危险性强的工序在施工中给作业人员带来的潜在危害和存在问题。

安全技术交底要求有书面记录，并经双方签字。

安全技术交底的内容包括：

（1）工程概况、施工方法和施工程序。

（2）施工作业的特点和危险点。

（3）针对危险点的具体预防措施。

（4）应注意的安全事项。

（5）本作业所采用的安全操作规程和标准。

（6）发生事故后应及时采取的避难和急救措施。

（五）进行安全检查

安全检查是发现不安全行为和不安全状态的重要手段，是消除事故隐患、落实整改措施、防止事故伤害、改善劳动条件、保障劳动者身心健康的重要方法。

安全检查分为四种：

（1）一般性检查；

（2）阶段性检查；

（3）专业性检查；

（4）季节性检查。

通常工程项目部每季度检查一次，施工队每月检查一次，班组实行每日安全巡查制度。

安全检查的内容主要是：

（1）查思想；

（2）查管理；

（3）查制度；

（4）查现场；

（5）查隐患；

（6）查事故处理。

安全检查的方法采用检查表法，检查表的内容包括：

（1）检查项目；

（2）检查内容；

（3）检查方法、措施和要求；

（4）检查结果；

（5）存在问题；

（6）改进措施；

（7）检查人。

对安全检查中发现的重大隐患，要填写"安全隐患整改通知单"，送被检单位领导签收，限期整改。对因故不能立即整改的问题，要采取临时措施，并制订整改措施计划，分阶段实施。

同时，施工企业还定期组织专家组对项目的安全文明施工管理进行安全性评价。

施工班组每周进行一次"安全日"活动，做到有目的、有内容、有记录，班组长每周会同技术员、安全员按"专业安全检查表"的内容，对施工作业场所进行一次全面检查，解决存在的不安全问题。

（六）施工现场防火

（1）建立各级人员防火责任制；

（2）建立防火管理制度：

1）现场防火工具管理制度；

2）重点部位安全防火制度；

3）安全防火检查制度；

4）火灾事故报告制度；

5）易燃、易爆物品管理制度；

6）用火、用电管理制度；

7）防火宣传、教育制度。

（3）施工现场设置符合要求的消防设施，并保持良好的备用状态。

（4）施工现场设置必要的消防车出入口和消防通道，并保持畅通。

（5）施工现场禁止吸烟。

（6）在容易发生火灾的地区施工或储存、使用易燃、易爆器材和物品时，要采取特殊的消防安全措施。

（7）施工现场的通道、消防入口、紧急疏散通道等均设置明显标志或指示牌。

（8）施工中需要进行爆破作业时，要经有关部门审查批准。

图4为HE工程项目施工安全控制流程图。

六、文明施工管理和环境管理

（一）文明施工管理

文明施工是指科学地组织施工，使施工现场保持良好的施工环境和施工秩序。

HE工程项目所采取的施工现场文明施工措施包括两个方面，即组织管理措施和现场管理措施。

1. 组织管理措施

文明施工的组织管理措施是：

（1）建立以项目经理为第一负责人的文明施工管理组织。

（2）建立各项文明施工管理制度：

1）文明施工岗位责任制度；

2）文明施工经济责任制度；

3）文明施工检查制度；

4）文明施工奖惩制度；

5）持证上岗制度；

6）文明施工例会制度；

7）各项专业管理制度，包括：质量管理、安全管理、机械管理、料具管理、施工队伍管理、施工现场场容管理、仓库管理、现场卫生管理、

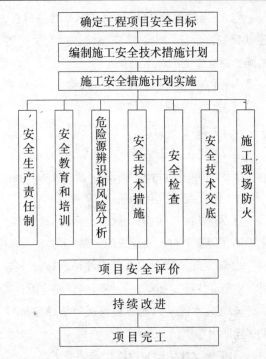

图4　HE工程项目施工安全控制流程

现场保卫工作管理、消防工作管理等。

（3）健全文明施工管理资料

1）有关文明施工的法律、法规、标准、规定；

2）有关的施工文件，包括施工组织设计、施工方案、各阶段施工现场平面布置图等；

3）施工日志；

4）文明施工检查计划、检查记录；

5）文明施工教育培训计划、考核记录；

6）文明施工活动记录（如有关文明施工的会议记录等）；

（4）开展文明施工竞赛；

（5）组织文明施工教育培训；

（6）推广新技术、新工艺、新设备和现代化管理方法。

2. 现场管理措施

（1）合理规划施工用地；

（2）科学地设计施工总平面图，根据施工情况按阶段调整施工现场平面布置；

（3）加强施工现场的使用检查；

（4）坚持施工现场管理标准化；

（5）通过领导挂帅，系统把关，普遍检查，建章建制，责任到人，落实整改，严明奖惩等措施，建立文明的施工现场；

（6）施工结束，及时清场转移。

（二）施工现场环境管理

（1）实施环境保护目标责任制；

（2）建立施工现场环境管理制度；

（3）采取综合治理措施保护施工现场环境：

1）防止大气污染措施

①采取清扫、洒水、遮盖、密封等措施防止车辆在运输中对大气造成的污染；

②施工现场禁止随意焚烧油毡、橡胶、塑料、皮革、树叶、枯草、各种包装袋和垃圾；

③袋装水泥、白灰、粉煤灰等细颗粒材料应在仓库内存放；

④工地搅拌站要装设除尘器或喷雾器；

⑤工地茶炉、锅炉、灶等均采用消烟除尘型；

⑥进出工地的机动车的尾气排放应符合国家标准。

2）防止水污染的措施

①禁止将有毒、有害废弃物作土方回填；

②各种污水、废水未经处理不得直接排入城市污水管道或河流；

③存放油料时，必须对库房地面进行防渗处理；

④工地食堂的污水排放应设隔油池，并定期掏油和清除杂物；

⑤工地厕所的化粪池应采取防渗措施。

3）防止噪声污染的措施

①严格控制人为噪声；

②在产生强噪声的作业时，严格控制作业时间；

③采用声源控制措施

a. 采用低噪声设备和加工工艺；

b. 在声源处装消声器。

④采用声音传播途径控制措施

a. 采用吸声措施；

b. 采用隔声措施；

c. 采用消声措施；

d. 采用减振降噪措施；

⑤采用接收者防护措施，如耳塞。⑤

参考文献

[1] 中华人民共和国电力行业标准.电力建设施工及验收技术规范（锅炉机组篇）（DL/T5047—95）.水利电力出版社，1995.

[2] 中华人民共和国电力行业标准.电力建设施工及验收技术规范（汽轮机组篇）（DL5011—92）.水利电力出版社，1993.

[3] 中华人民共和国电力行业标准.电力建设施工及验收技术规范（管道焊接头超声检验篇）（DL/T5048—95）.北京：水利电力出版社，1995.

[4] 中华人民共和国电力行业标准.火力发电建设工程启动试运及验收规程(DL/T5437—2009).北京：中国电力出版社，2010.

[5] 中华人民共和国国家标准.建设工程项目管理规范（GB/T50326—2006）.北京：中国建筑工业出版社，2006.

[6] 中华人民共和国国家标准.建设工程监理规范（GB50319—2006）.北京：中国建筑工业出版社，2006.

万科、铁狮门旧金山"富升201号"项目分析

吕卓锦

（对外经济贸易大学国际经贸学院，北京　100029）

美国当地时间 2013 年 2 月 13 日，中国房地产开发商万科与美国铁狮门房地产公司（TISHMAN SPEYER）在铁狮门旧金山办公室共同签署旧金山富升街 201 号（201 Foisom）项目开发合作协议。中、美两大房地产巨头的合作引发多方关注，也对中国房地产企业进入美国市场提供了一个重要范例。

一、项目背景

万科企业股份有限公司成立于 1984 年，1988 年进入房地产市场，深圳证券交易所的第二家上市公司，也是股市内的代表性房产蓝筹股，以大众住宅开发项目作为核心业务，2013年总经理郁亮首次提出国内业务转型计划：10 年内成长为城市配套服务商。早在 2009 年万科已开始向酒店、养老、商业配套等多方向发展。目前，万科业务集中在珠江三角洲、长江三角洲和环渤海湾区域为中心的三大区域城市经济圈，同时兼顾中西部地区，共计约 60 个大中城市。万科企业文化以"让建筑赞美生命"为核心产品价值观，建立起透明的内部制度体系，组建专业化团队，打造强劲的品牌竞争力。此次与铁狮门集团在旧金山的房产开发是万科进入美国房地产市场的首次"试水"，在此之前万科已买壳南联地产，并且逐步实施 B 股转 H股，为海外投资搭建融资平台。

万科的合作方美国铁狮门集团是一家非上市私营公司，作为世界一流的房地产开发商，采用垂直一体化的经营模式，并兼顾房产管理和基金运营等相关业务，项目范围覆盖美洲、欧洲、亚洲、大洋洲，近年来在中国、印度等国积极投资。铁狮门已进入中国市场，上海新江湾是其热门中国项目之一。目前铁狮门在北京、天津、上海和成都都有开发项目，并且积极向中国投资者筹资建立人民币房地产基金。铁狮门着重商业房地产的购买和运营，掌管着全球约 300 多个项目，较为著名的旗下物业有洛克菲勒中心、克莱斯勒中心以及柏林的索尼中心等。

双方此次合作的旧金山富升街 201 地块项目，与铁狮门之前开发的"无限"住宅区（The Infinity）隔街相对，两个开发项目的高端定位、结构设计和楼层设置几乎一模一样，均为双栋高层广场式住宅房产项目，属于自住和商业两用房产，层数分别为 37 层和 42 层，共包含 655 套公寓，平均面积 1200 平方英尺（约为 111.5 平方米）；该地段紧临旧金山湾区的海湾大桥和旧金山中央商务区，而且距离旧金山金融区仅有两个街区。之前的"无限"项目单元价格从 60 万到 600 万不等，项目完工三个月后600 户全部售出，是美国 2009 年销售最好的项目。目前富升街 201 地段周边市场价格约合 5万 ~ 9.4 万人民币 / 平方米。铁狮门在周边地域还有数个项目。

近年来，中国人海外房产投资呈持续增长态势，美国是主要投资市场之一。一方面，中

国北京、上海、广州等一线城市房价与美国市场平均房价差距明显；另一方面，由于2010年开始国家不断出台限购政策，促使相当一部分富人海外购置房产；楼市调控政策也使中国房地产行业面临更多管制，出现了拿地难、成本高、销售量下降等问题，不确定因素增多，包括万科在内的房地产企业进入"寒冬期"；同时，为追求更好的教育资源和环境条件、更完善的福利保障，以及出于财产安全的考虑和投资移民条件较低，故移民潮涌现，北美房地产市场中国买家的数目不断增加，现已超过英国，成为仅次于加拿大的第二大买方。

而美国在2008年金融危机后，吸取次贷危机的教训，采取更为严格的贷款购房条件。房地产市场在2009年和2010年触底后开始缓慢回升，房屋销售量和售价同步回升，并且成

功渡过金融危机的房地产开发商实力都较强，相当一部分业界人士认为美国房地产市场前景良好。

如图1所示，由凯斯－席勒全美房价指数可以看出，在2006年房市指数到达顶点188.23，房市泡沫破灭后，全美房市价格持续下跌，2012年开始缓慢回升，2013年前三个季度平均房市指数为141.5。凯斯－席勒旧金山房价指数走势同全美房价指数（图2），但平均房价高于全美平均水平。目前凯斯－席勒全美及旧金山房价指数仅相当于2003~2004年的水平。美国政府在采取一系列振兴房地产的财政和货币政策后，全美房价上升速度缓慢且仍不稳定。特别地，根据标普琼斯指数公司公布的2013年10月美国经济展望，全美房屋销售数目逐步增加，目前成品房销售额占大比例，

图1　1990–2013年凯斯－席勒全美房价指数，数据来源于标普道琼斯指数公司

图2　1990–2013年凯斯－席勒旧金山房价指数，数据来源于标普道琼斯指数公司

且环比增长速率明显快于新建住宅的环比增长速率，2013年第二季度成品房屋销售额同比增长12.1%，为505.7万套，而新建住宅销售量仅为44.7万套，但同比增长速率达18.9%，预计未来新建住宅销售量增长将逐步加快，而成品房销售量增长则稳定甚至减慢。虽然房市回温，但是金融危机前积压的住房相当程度上会减缓新增房产销售增速。

二、万铁合作模式

股权安排方面，万科和铁狮门现已根据协议成立合资公司，万科持有该项目71.5%的权益，铁狮门则持股28.5%。预计总投资约为6.2亿美元，另举债3.7亿美元。目前，该项目能否达成取决于中国政府是否允许万科将大笔现金流汇出。

此次合作中，铁狮门将负责整个项目的设计、开发、销售和运营，而万科则是该项目的管理合伙人和财务投资者。

从双方目前公布的合作详情来看，万科出资多，负责事务少，更多属于积累经验，为未来扩展北美市场做准备；同时，铁狮门的各方面实力大都强于万科，尤其是金融融资领域，对于万科发展战略亟需的更大规模的融资有借鉴意义。可以说，铁狮门以己方丰富的经验、先进的技术、广泛的人脉为入股基础，资金实力雄厚的万科希望以高额资金投资换得学习机会，并在融资、管理模式、文化融合、企业形象等多角度为未来市场扩张奠定基础。

具体地，万科与铁狮门采取合资的模式，在笔者看来，符合当前双方的利益诉求和未来的发展战略。

从万科而言，中国国内现已在大中城市全面铺开的限购令，不仅限制国内富人消费群的购买能力，同时增加了房地产商自身购地、持地成本和出售难度，减少了公司净利润；另外，正如万科总经理郁亮所说，中国住宅市场已逐渐饱和，十年内就会触"顶"；同时，中国的房产市场特点是限购、限贷，限制了投资者投资，目前正热的海外购房和新一轮移民潮、留学潮对中国房地产商而言是极具诱惑的商机，这也是目前万科在北美投资集中在自主而非投资角度的房产的原因之一。

万科资金实力雄厚，最近又开辟两大海外融资平台，而且标准普尔、穆迪、惠誉在2013年3月4日首次分别给予万科"BBB+"，"Baa2"，"BBB+"的长期信用评级，万科不仅扩大了融资平台，并且降低了融资难度。同时，万科在专业住宅区开发方面经验丰富，在中国品牌效应明显，拥有一批具有经济实力和海外投资意愿的老顾客；另外，万科目前进入的北美城市，华人比例高。如旧金山是一个移民城市，也是美国华人比例最高的城市，而富升街201号项目所在的湾区华人比例更高。以华人比例高的城市作为北美发展的起点，对万科而言是最好海外投资策略选择，市场进入风险较小。根据来自铁狮门的信息，目前已经有约200户万科国内老顾客预订该地尚未完工的房产，估计未来将有40%的房产由华人购买。①

另一方面，消费者信心明显增强，成品房和新建住宅住房中位数价格上升，但由于房产抵押贷款的利率上升等原因，住房可负担水平逐期下降，2012年较2011年仅上涨4.86%，而从2013年前两季度的统计数据来看，住房可负担水平上下波动，预计2013年住房可负担水平将下跌。综上所述，全美房市有回暖迹象，但仍存不稳定因素。

另外，美国经济开始复苏，且目前美国开发成本低于国内水平，房市价格仍处低位；而且目前没有放松趋势的楼市调控政策使国内同

---

① 贾忠文，万科"国际化"战略的启示，城市开发，2013（7）：70–71

等水平房产开发成本高居不下，回到之前较低水平的可能性几乎为零。同时，美国此时房价较低，是进入北美市场的好时机，而纽约、旧金山、洛杉矶、华盛顿和波士顿等华人投资首选的城市较易进入且风险较小，而且近年来人民币升值减少了房地产企业海外投资的成本。

但北美与中国房地产市场差异明显，万科对北美完善成熟的市场环境，高质量的要求，复杂的税收等法律规章，当地的商业习惯、先进的资本运作、融资方式相对陌生，出于分散风险、降低成本、积累经验的需要，与当地已有成功开发、运营和销售经验、实力强劲的本土房地产商铁狮门成为合作伙伴，符合万科以旧金山项目为起点，逐步在纽约、洛杉矶等城市扩展业务的北美投资战略，同时也为将来进一步合作奠定了基础。这在富升街项目中万科高出资、事务少、全程参与的合资模式可见一斑。

特别需要注意，近些年随着中国人海外买房，对海外市场当地居民购买房产构成不小的压力。如香港，政府为了保护当地人权益，颁布一系列法令，如针对香港居民以外买家征收特别印花税，税率为购买价的15%。而且，部分当地居民对中资企业和中国人的投资行为有误解和歧视，故在笔者看来，万科选择和当地知名企业合作还有出于企业文化融入和政治安全角度的考虑。

从铁狮门角度出发，虽然"无限"项目取得不凡业绩，美国房产市场回暖，发展前景良好，但与万科合作仍有利可图。

铁狮门在2009年已拿下该项目，而搁置几年与铁狮门连续几次投资失败不无关系。铁狮门从1997年开始通过发行私募基金融资，构建了"高杠杆"的地产基金模式，再有垂直一体化经营的配合和基金的业绩提成，曾创造了以不到5%的资本投入收益40%的奇迹。铁狮门到目前为止共发起14支私募基金，另有一支在澳大利亚上市的REITs①，另外铁狮门2011已在中国发起其首支人民币基金，2012年5月封闭，直接投资于苏州工业园区项目。通过基金融资，铁狮门16年来共募得90亿美元股权资本和104亿美元项目投资金。

但是，2008年的金融危机重创铁狮门，旗下基金高风险显露无遗，运转出现了问题。2007年5月，铁狮门与雷曼公司合作发起房产基金，并联合美洲银行风险投资部门和巴克莱资本，凭借135亿美元现金和87亿美元债务收购美国第二大公寓类REITs公司Archstone，但金融危机使得该房产不断贬值，在2008年9月时贬值额度已达25%，最终即使经由债务重组和重新注资，也仍然无法止损；另外，铁狮门与BLACKROCK收购的毕德库社区（Stuyvesant Town and Peter Cooper Village）和Archstone面临相同的境遇，高昂的收购债务在房市泡沫破灭后难以偿还，同时铁狮门还有银行贷款违约和公募基金债务违约等一系列财务问题。虽然，铁狮门因其多元化的投资主体选择未破产，但损失巨大，不仅在资金、项目机会上，更对其一直以来良好的商誉造成了难以弥补的损害。因此，此次开发旧金山项目，与万科合资比独自开发风险小，万科作为主要出资方，解决了该项目的融资问题，且以合资方式融资较之前凭借高杠杆借款风险小。

另一方面，铁狮门在中国投资收益较差，需向万科借鉴经验。如之前所说，万科在国内实力雄厚，经验丰富，尤其是在房价较高的大中城市。这些城市同时也是铁狮门的投资区域。铁狮门在2009年迫于美国国内经营压力，曾打算转手2008年高价拍下的上海新江湾项目，而其他在北京、成都等多个项目销售情况也不如人意。房地产一直属于东道国开发商主导的情

---

① 杜丽虹，铁狮门地产基金模式成与败，新财富，2009（12）：108-115

况，外来企业立足需要与当地开发商合作，否则发展难度颇大。

三、结论

在笔者看来，北美房地产投资固然风险很大，但在中国现行国情下，国内开发成本增加，房地产产业面临转型，以及国内楼市调控措施不断出台，市场趋于饱和，马太效应显著，海外投资和移民兴盛，实力雄厚的房地产企业纷纷走出国门、投资海外，寻求更多的发展机会，这是中国房地产业未来发展方向的有利尝试，对提高现有管理水平和完善产业结构有借鉴意义。而且万科本身是一家稳健的企业，海外投资仅占所有投资中很小的一部分。目前为止，万科仅在香港、旧金山和新加坡有投资项目。

当然，万科与铁狮门的合作还面对诸多不确定性。首先，万科一直以来专注开发住宅区，2009年虽然进军商业房产，但也仅限住宅区的配套商业设施。而铁狮门是开发商业地产的专家，这次开发的富升街201地块属于商住两用，在开发规划上双方还需磨合；其次，万科在此次合资当中投资较多，但大部分业务由铁狮门管理，双方具体事务的管辖权上可能产生冲突；再根据以往中美合资建厂情况，两国文化、管理模式、行业规矩、员工素质等多因素差异增加了合作的不确定性；最后，美国房地产市场升温缓慢，大部分建筑工人在金融危机时期转业，同时，移民法案限制了建筑工人的来源[1]，美国当地房地产商在此次经济衰退中也损失庞大，很多房地产企业像铁狮门一样，有严重的债务问题，大量积压住房以及尚未完全脱离困境的金融环境对双方的合作是严峻的外部挑战。

针对以上合作阻碍，笔者提出以下几项建议：

（1）细化合作协议条款，明确双方职责

财务、管理、业务关键领域的职责在协议中注明，尽量避免在关键职位上出现篡权、权力真空等不利合资企业发展的情况；重要发展规划在合作前期应当尽快确定。

（2）培养整体意识，加强员工培训

美国公司运行不同于中国，完善法律制度下，业务操作、管理模式更为规范；不同文化背景下，员工工作方式差异较大。非本土员工应当优先选择有当地工作经验的员工，提前进行相关培训；同时还要利用培训、会议、活动等多种方式向公司所有员工宣传公司核心利益，形成整体意识和认同、归属感。

（3）管理人员本土化[2]

本土管理人员更加了解当地行情，避免重新了解的成本，更易得到员工认同，以有相关工作经验的为优。

（4）加强财务报表的审核，控制风险，保证足够流动性

美国经济恢复步伐仍不稳定，房地产市场又具有典型的周期性，内部加强财务报表的审核和监管，在发展战略上要控制风险，高杠杆的融资应慎重，时刻关注市场动态，避免债务危机、贷款违约等一系列财务问题。

据来自中国海外投资联合会的一项数据显示，除万科以外，中国铁建、碧桂园、万科、中国建筑、绿地、万通等十多家房企已在海外投资上百亿美元[3]其中也不乏在美国投资的企业，其中相当一部分选择了合资的产业模式。

四、启示

万科、铁狮门合作给予已经进入和正打算进入的中国房地产企业北美市场的启示是：

① 贾怀东，李学锋，中国房地产商进入美国，中国房地产金融，2013（5）：17-19
② 敖依昌，刘维波，论中美合资企业管理的跨文化整合，重庆大学学报，2007（3）：31-35
③ 赖智慧，纠结的万科，新财经，2013（5）：86-88

（1）寻找适当的合作伙伴和市场

万科、铁狮门的合作符合当前双方利益诉求，合作激励和可能性共存，共赢应当是中方房地产企业寻求美方合作伙伴的前提，也是维持合作稳定性的必要因素。

而选择华人众多的城市作为海外投资的第一站，既保证了一定消费群，也更适合习惯国内开发情况的中国开发商尽快熟悉当地环境和上手业务。

（2）海外投资注意规避风险

中国房地产出于企业多元化发展和当前的市场环境，纷纷走出国门，投资海外，但中国企业的失败案例众多。只看见商机，忽视风险是重要原因之一。前期工作到位，尽量规避风险，是中国企业首次海外投资的核心之一。海外投资风险包括市场风险、汇率风险、政治风险等，企业决策时应充分借鉴已有实例，慎重行动。万科选择与铁狮门合作在一定程度上减小了投资风险。

（3）严格遵守当地法律法规

中国房地产产业从1987年首次公开拍卖转让国有土地使用权开始，不到四十年时间迅速发展到今天庞大的规模，许多房地产企业的年销售量的全球排名居前。但是，毕竟发展时间较短，相关法律、法规和行规都不够完善。伴随中国房地产产业发展起来的中国房地产企业尚不习惯在欧美更为严格的市场监管下进行商业活动，遵守当地法律法规应当得到海外投资企业的格外注意。合资方式可以方便中方企业向已适应当地市场环境的美国公司学习，同时避免了与当地企业的直接竞争。

（4）塑造企业良好形象

万科、铁狮门合作，对于华人投资者，万科可以发挥品牌效应，但对于美国市场广大消费者而言，铁狮门的名号更具市场竞争力，而且可以帮助万科塑造良好企业形象，便于将来吸引消费者和与当地政府打交道，为进一步扩大市场打下坚实基础。

项目规划和控制
ORACLE® PRIMAVERA® P6 应用
——版本 8.1、8.2 & 8.3 专业 & 可选客户端

保罗·哈里斯 (Paul E. Harris) 著

该书是一本提供给项目管理专业人士的用户指南和培训手册，为其学习在已建立的 Primavera 企业环境下，如何规划和控制项目提供指导。本书对想在短时间内掌握软件操作中级知识的人来说是最理想的。本书可以教授任意行业的规划和进度计划工作人员如何在项目环境下建立和使用此软件，用通俗的语言和逻辑的顺序解释了创建和维持一个有资源和无资源的进度表的步骤。该书英文版被很多企业和咨询机构用作培训用书。

本书提供了在各种项目环境下众多软件选项如何应用的建议。其目的在于教授读者如何规划和控制软件内创建的项目，并且侧重于用以下途径使用 Primavera 计划项目进度：

如何建立一个企业环境所需的核心功能以及如何规划和控制项目；

- 在每章开始提供命令列表用于快速参考；
- 为所有主题提供全面的目录和索引。

此书应被用作：

- 自学书籍；
- 用户指南；
- 三天培训课程的手册。

培训机构可从 www.eh.com.au 获取幻灯片演示。

该书由长期使用这款软件处理大型复杂项目的资深项目规划和进度师所著，它从作者多年来在不同行业使用这款软件的广泛实际经验中而来，提供了真实的日常工作中所遇到的规划和进度计划问题的解决方案、建议。

建筑工程垫资承包的效力及风险防范

苏采薇 [①]

（北京理工大学法学院，北京 100081）

摘　要：建筑工程垫资承包是国际建筑市场中通行的方式。我国《建筑法》和《合同法》都没有对垫资承包问题做出明确的规定。司法解释承认仅垫资承包合同的有效性，缺乏具体实施细则，操作性不强。垫资承包可以为承包人争取建筑机会，为建设单位缓解了资金压力，因此在我国十分普遍。垫资承包行为的风险很大，特别是承包方的利益往往难以保证。实际上工程款能否追回是由市场的规范化程度和追偿机制决定的，垫资承包与否并不会产生根本性的影响。承认垫资承包的合法性，将其纳入法律规制范围，能更好地控制其风险。完善垫资承包的法律制度，既有利于提高市场效率，也有利于推动我国建筑市场更好地与国际接轨。

关键词：建筑工程；垫资承包；风险防范

一、引言

"建筑工程垫资承包是指在建筑市场内，为暂时缓解建设单位的资金压力，由建筑企业先行垫出自有资金为建设单位从事施工活动，再由建设单位日后予以偿还的一种建筑工程承包行为。"垫资承包由建筑企业即承包人现行垫付资金，避免了因建设单位的资金不到位而难以开工的情况，在市场经济发达的国家，是一种非常有效率的承包方式。然而我国市场经济不够发达，垫资承包的风险不能有效地通过市场自动消化。实践中，垫资承包的发包方拖欠工程款，导致承包方拖欠农民工工资的现象屡见不鲜。法律是否应该承认垫资承包的合法性，如果承认其合法性，该如何进行风险防范，都是我们需要考虑的问题。

二、对建筑工程垫资承包的相关规定

我国《建筑法》和《合同法》都没有对建筑工程垫资承包的问题做出明确规定。但行政管理部门的《通知》和最高法院的司法解释中有涉及垫资承包问题的规定。

1996 年 6 月 4 日，原建设部、财政部、国家计委颁布实施了《关于严格禁止在工程建设中带资承包的通知》。《通知》第四条规定："任何建设单位都不得以要求施工单位带资承包作为招标投标条件，更不得强行要求施工单位将此类内容写入工程承包合同。"第五条规定："施工单位不得以带资承包作为竞争手段承揽工程，也不得用拖欠建材和设备生产厂家货款的方法转稼由此造成的资金缺口。"这一通知的出台说明了我国在行政管理中对垫资承包持禁止的态度。

该通知的效力在新《合同法》后，遭到了质疑。1999 年 10 月 1 日新《合同法》本着尊重当事人意思自治，鼓励交易的原则，严格限制了合同无效的情形。只有"违反法律、行政法规的强制性规定"才会构成合同无效。最高人民法院在 1999 年 12 月出台的《关于适用〈合

---

① 北京理工大学法学院 2013 级硕士生。

同法〉若干问题的司法解释》进一步规定了："合同法实施以后，人民法院确认合同无效，应当以全国人大及其常委会的法律和国务院制定的行政法规为依据，不得以地方性法规、行政规章为依据。"根据以上法律的新变化，"两部一委"的《通知》的效力受到了质疑。"两部一委"的《通知》既不是法律也不是行政法规，而只是部门规章，不能将它作为认定合同无效的依据。除此之外，《民法通则》《合同法》《建筑法》等均没有将垫资承包规定为禁止性条款。根据合同法的意思自治原则，当事人有权自由约定是否垫资承包。在这种情况下，法律对垫资承包合同合法性问题的规定出现了矛盾，导致了许多同案不同判的现象。

2005年1月1日施行的《最高人民法院审理建设工程施工合同纠纷若干问题的司法解释》第六条第一款规定："当事人对垫资和垫资利息有约定，承包人请求按照约定返还垫资及其利息的，应予支持，但是约定的利息计算标准高于中国人民银行发布的同期同类贷款利率的部分除外。"该司法解释明确承认了垫资承包合同的有效性。

但是上述司法解释的规定更着重于垫资承包行为发生后的救济补偿，而非事先的行为规范。从条文的措辞上看，司法解释承认垫资承包合同的效力的目的，可能并不是认可和鼓励合同当事人采取垫资承包方式进行工程承包，而是给当事人提供一个主张合同权利的法律根据。在当事人已经履行了垫资承包合同的情况下，否认垫资合同的效力，就意味着已经发生变化的权利义务要被迫恢复原状，当事人无法主张根据合同产生的权利，因对方当事人的违约行为而受到的利益损害无法得到救济。承认垫资承包合同的有效性，为当事人提供了有效的权利救济途径。但是司法解释中的规定只能

起到事后补救的作用，《建筑法》和《合同法》中对垫资承包的合法性、行为模式、赔偿机制等问题又缺乏事先的规定，在应对复杂多变的实践问题时，缺乏可操作性。

二、我国垫资承包的现状

1、垫资承包存在的原因

不管政府在行政管理中对垫资承包持何种态度，法律的规定是否明确，垫资承包在实践中一直广泛存在着，并有着深刻的存在基础。

"全国人大代表、中国建筑总公司第三工程局局长洪可柱曾经分析说，自从20世纪90年中期以来，垫资承包逐渐成为建筑市场司空见惯、约定俗成的行规"。[①]建筑企业即使不直接采取垫资承包的方式，也可以通过支付合同定金、工程质量保证金、房地产预售、房地产参建等形式变相进行垫资承包。行政管理对垫资承包行为的否定态度，并没有在事实上起到禁止垫资承包的作用。这主要是以下原因造成的：

第一，从建筑单位的角度来看：我国建筑业竞争激烈，供求关系不平衡。市场中建筑单位的数量远远超出工程项目的数量。这样"僧多粥少"的局面使得建筑施工单位处于竞争中的劣势地位。为获取建设工程项目，建筑单位不得不接受垫资条件，以增加竞争砝码。

第二，从建设单位的角度来看：垫资承包方式有助于缓解资金压力。我国投资、融资渠道不够通畅，建设单位缺乏资金的现象屡见不鲜。因此，建设单位常常利用市场优势地位，将资金问题转移给施工单位，减少项目开发的前期成本。

第三，从政府监管角度来看：在行政审批的过程中，行政部门对于建设项目的资金来源的实质审查并不严格，资金没有到位的建设项目也可能通过审批。

---

① 高玉兰. 对建设工程承包合同垫资承包的法律认识 [J] 山西建筑 ,2009.35(33): P200.

2、实施风险

采用垫资承包的方式有很大的风险，特别是在我国这样市场经济不发达的国家，风险尤其突出。

首先，在合同订立阶段，垫资承包可能会被认为是不正当竞争行为。迫于建筑市场的竞争压力，处于弱势地位的承包商不得不同意垫资承包的条件以获取工程建设机会。有的建筑企业甚至主动将垫资承包作为合意筹码。经过双方合意的垫资承包行为是符合意思自治原则的。在实践中，经常会发生招投标双方事先合意签订垫资承包合同，在招标中以低价中标，恶意排挤竞争对手的情况发生。此时，垫资承包可能会被认为是不正当竞争行为，失去合法性。

其次，承包方不合理地承担了融资风险。发包方将资金压力转移给承包方，承包方获取资金的重要途径就是银行贷款。银行贷款的期限往往较短，出现贷款到期而工程尚未交工的情况时，融资风险就需由承包方承担。银行商业贷款的利息较高，但即使是司法解释出台之后，法律承认的垫资承包的利息仍不能超过银行同期存款利息，这中间的差价就只能由承包方承担。

最后，承包方追偿工程款可能会面临各种问题。除去个别滥用市场优势地位的情况外，选择垫资承包的建设单位在工程投产时往往面临资金困难。承包方在建设工程投产之后，只能相信建设单位的信用，希望他能在施工过程中，及时筹措到所需资金。如果建设单位融资出现问题，承包商就很难维持工程继续，垫付的资金也无法追回。发包商拖欠工程款，承包商为了维持工程继续进行，就可能会将风险转移给下游供应商，例如赊欠设备材料费等，或是将工程进行分包。导致债务链条不断扩张，恶性循环。最后，在资金不足的情况下，一些承包单位还会选择降低工程建设的质量，导致大量"豆腐渣"工程、"烂尾楼"的出现。现实生活中由于发包商拖欠工程款，使得承包商拖欠农民工工资的现象更是比比皆是。严重侵害到作为社会弱势群体的农民工的利益。

三、承认垫资承包合法的必要性和风险防范

1、对待垫资承包的理性态度

建筑业中资金不足导致的各种问题的危害总是特别严重。发包方拖欠工程款，承包方就拖欠职工工资。建筑业拖欠农民工工资现象，一直受到社会各界广泛关注，声讨不断。资金链断裂导致的工程烂尾现象，也是后患无穷。以垫资承包方式进行的工程建设，资金出现问题的可能性比其他承包方式更大。垫资承包理所当然的成为了社会舆论的讨伐对象。生怕口子一开则一发不可收拾。

但是"垫资承包"本身是否真的有如此大的魔力，值得舆论将其视为洪水猛兽呢？答案其实是否定的。垫资承包作为一项能在西方国家广泛使用的制度，其实施效果是大家有目共睹的。市场经济是有风险的，垫资承包造成的负面效应也是商业风险的一种。仅垫资承包本身，并不足以导致上述因资金短缺造成的问题。工程款是否能追回是由市场规范化程度和追偿机制决定的，垫资承包与否并不会产生根本性的影响。如果建设单位本身资金充足，有能力承担项目的建设工作，那么垫资承包就只是一个加快工程进度的方式，甚至还有利于市场效率。如果融资渠道足够开放，那么将融资压力转移给承包商，就不会对承包商造成实际影响。在部分垫资的情况下，由建设单位和承包商共担资金风险的做法，可能还会有利于资金保障。如果法律对承包商追偿工程款有足够的保障，那么垫资承包和一般工程承包的风险其实相差无几。

2、垫资承包制度的优点

垫资承包之所以能够在国际社会通行，其优势是不容忽视的。

首先，垫资承包是一种有利于提高市场效

率的承包方式。通过转嫁建设单位融资负担的方式，减少了项目开发阶段的障碍，增加了工程立项的可能性。在垫资合同双方协商一致，自愿选择垫资承包方案的情况下，承认垫资承包的合法性是尊重当事人意思自治的表现。承认垫资承包合法性符合《合同法》的意思自治和促进交易的精神，促使工程尽快投入建设，提高市场的效率。

其次，垫资承包是一种有利于我国建筑市场与国际接轨的承包方式。垫资承包是国际社会中通行的一种做法。在市场经济发达的国家，垫资承包产生的风险可以通过市场调节而自动消化。我国的市场经济发达程度达不到这种要求，垫资风险还需要借助其他方式控制。我国加入 WTO 之后，做出过有关市场经济改革的各项承诺。承认垫资合同的合法性，将在与国际社会接轨的道路上迈出前进的一步。

最后，便于建筑市场的统一管理。我国法律对于外资建筑企业和国内建筑企业的管理模式不同。1996 年《关于严格禁止在工程建设中带资承包的通知》第 6 条规定："外商投资建筑业企业依照我国有关规定，在我国境内带资承包工程，可不受本通知限制，但各级计划、财政和建设行政主管部门要加强监督管理。"考虑到国际上对于垫资承包的态度，我国允许外资建筑企业进行垫资承包。这种将外资建筑企业和国内建筑企业区别对待的态度，在实际操作中会产生许多不便，不如一视同仁便于管理。

3、垫资承包的风险防范

现实中的垫资承包行为不是说禁止就能消除的。对垫资承包采取回避的态度，不仅不能禁止实践中的垫资承包行为，还会导致因垫资承包合同违约造成的损害得不到有效救济。

法律应明确承认垫资承包的合法性，并通过法律对其适用范围和条件进行限制。同时增强政府监管力度，完善相关权利保障制度。具

体来说，对垫资承包风险的管理可以分以下几个方面进行：

第一，完善法律规定。应该在《建筑法》或是相关法律规范中，明确承认垫资承包的合法性，规定可以适用垫资承包的工程的范围。例如规定建设工程的价值或工期的限制、建设单位先期投入资金占工程所需总资金的比例、或者规定可以适用垫资承包双方的财力条件等。

第二，增强政府监管力度。行政管理部门在通过建设项目审批时，应该对建设单位的投资能力、信誉状况、建设项目的资金来源等方面做出严格的审查。避免建设单位虚构相关信息，骗取无资本实施的项目投入建设；在建设过程中，加强对资金落实情况的监管；在项目竣工后，要求企业对项目实施状况进行书面报告，便于了解和掌握市场情况和企业履约能力。

第三，完善工程款追偿的保障制度。首先，完善工程款担保机制。我国现行法律中没有对发包商提供担保的规定，而国外的担保是双向的。"为了降低垫资承包所带来的风险，法律对于垫资的范围有着十分明确的规定，主要针对一般工程项目，且必须对垫资承包提供相应的担保，其主要方式是由银行提供支付担保函，避免出现拖欠工程款等问题。"①由发包商提供工程款的担保，对承包商回收工程款是一种有效的保障，我国应该建立相应的担保机制。其次，延长优先权适用期限。《合同法》第 286 条规定："发包人未按照约定支付价款的，承包人可以催告发包人在合理期限内支付价款。发包人逾期不支付的，除按照建设工程的性质不宜折价、拍卖的以外，承包人可以与发包人协议将该工程折价，也可以申请人民法院将该工程依法拍卖。建设工程的价款就该工程折价或者拍卖的价款优先受偿。"《最高人民法院关于建设工程价款优先受偿权问题的批复》第四条规定："建设工程承包人行使优先权的期限为六个月，

① 陈晓蕾. 论垫资承包合同的法律效力 [J]. 黑龙江教育学院学报 ,2008.27(6):P96.

自建设工程竣工之日或者建设工程合同约定的竣工之日起计算。"根据以上规定，我国建设工程优先权的适用期限只有六个月，但是因垫资产生的工程款问题的追偿周期可能远远超过这个周期，优先权形同虚设。因此，为保障承包商的利益，有必要延长优先权的周期，增强该制度的实用性。

综上，承认垫资承包的合法性，将其纳入法律规制范围，能更好地控制其风险。完善垫资承包的法律制度，既能充分发挥垫资承包对市场的促进作用，也能推动我国建筑市场更好的与国际接轨。⑤

参考文献

[1] 高玉兰.对建设工程承包合同垫资承包的法律认识 [J].山西建筑,2009, 35(33):200-201.

[2] 王伟.理性看待垫资承包 [J].施工企业管理, 2010(7):53-54.

[3] 王建东.垫资施工合同法律效力问题研究 [J].法学, 2003（12）:118-123.

[4] 刘佳.浅析垫资承包合同的法律效力 [J].商业经济, 2009（2）:125-126.

[5] 付柳依.对垫资承包合法化问题的探讨 [J].法制与社会,2011（11）:112-113.

[6] 李维芳.建设工程垫资承包的风险及防范对策 [J].施工技术,2012, 41（365）:95-98.

[7] 陈晓蕾.论垫资承包合同的法律效力 [J].黑龙江教育学院学报,2008, 27(6):95-96.

[8] 武艺, 李承梅.浅析建筑工程垫资承包的法律规避 [J] 重庆建筑大学学报,2004, 26（4）:119-121.

专业视角 全方位解读 最新修订

《新版建设工程合同（示范文本）解读大全》

张正勤 编著

在工程法律实践中，很多纠纷都与合同的签订及履行相关。虽然住房和城乡建设部等有关部门先后制定发布了一系列合同示范文本，但合同当事人对示范文本理解不到位，不能很好地与实际工程情况相结合，合法权益得不到维护的现象仍旧很多。

针对这一问题，本书作者张正勤律师结合多年的建设工程法律工作实践，在2012年出版了《建设工程合同（示范文本）解读大全》，并得到了非常好的读者反馈。随着《建设工程监理合同（示范文本）》、《建设工程施工合同（示范文本）》的更新，本书作者将书稿内容进行了修订。

本书以专业律师的视角，逐一对现行建设工程合同示范文本的条款进行全方位解读，并从实践角度出发，对读者签订及履行合同中需要注意的问题提出了中肯的建议和提醒。此外，本书在各合同示范文本后，均给出了相应的建议合同，可供读者直接参考使用。本书主要包括以下合同文本：

• 《建设工程勘察合同（示范文本）》GF-2000-0203

• 《建设工程设计合同（示范文本）》GF-2000-0209

• 《建设工程施工合同（示范文本）》GF-2013-0201（最新）

• 《建设工程施工专业分包合同（示范文本）》GF-2003-0213

• 《建设工程施工劳务分包合同（示范文本）》GF-2003-0214

• 《建设工程监理合同（示范文本）》GF-2012-0202（最新）

• 《建设工程造价咨询合同（示范文本）》GF—2002-0212

• 《工程建设项目招标代理合同示范文本》GF-2005-0215

• 《建设项目工程总承包合同示范文本（试行）》GF-2011-0216（最新）

本书的特点是：

• 针对合同示范文本，有的放矢。

• 专业律师视角，权威实用。

• 对照原文，逐条解读，便于查找。

• 标注相关法条原文，可对照使用。

• 推荐合同，可直接选用。

• 实时更新，服务增值。

希望本书对读者拟定、洽谈、签订及履行建设工程合同、解决合同履行中遇到的问题、处理合同纠纷等起到很好的参考作用。本书可供业主、勘察设计方、监理、造价咨询单位及施工、承包方的相关管理人员及法律工作者参考使用，也可作为高等院校相关专业师生参考用书。

模块化工厂的建造与安装

王清训[1]，高 杰[2]，陈前银[2]

（1.中国机械工业建设集团有限公司，北京 100045；
2.中国机械工业机械工程有限公司，北京 100045）

1. 引言

在现代化的造船工业中，按照分段管理方式制造船体进而在大型船台进行总装的建造技术已经非常成熟。而将工业设备以模块化的形式在制造厂进行成套制造，以方便现场的安装，在现今的工厂建设中也已经广泛应用，如热能机组、气体发生装置等。上述这些都是基于模块化建设的方案原理发展而来的应用实例。

随着世界经济的飞速发展，现代社会和人类对能源和资源的需求催生了大量地处不发达地区的工业建设项目，于是模块化工厂建设的思路应运而生：利用模块化制造的原理，将工厂分解为集成了多种系统功能的大型模块，进行工厂化的异地建造，并运输到现场安装，进而连接组成工艺复杂、功能齐备的现代化工厂。由我公司承担建设的康奈博（Koniambo）镍冶炼厂项目就是世界上第一个采用模块化建造的集成冶炼工厂。

2. 工程概况

康奈博镍冶炼厂是世界上首例采用异地建造模块，并将模块通过海运到现场进行现场安装和系统调试这种建设形式的集成冶炼工厂。

康奈博镍冶炼厂项目需要进行17个钢结构模块的建造和现场安装，各模块分别完成冶炼厂的电炉供电、电炉送料、还原、分离、输料、矿粉缓冲、研磨／干燥等功能，这些模块制造完成后，由中国青岛船运到大洋洲的新喀里多尼亚岛的海边厂区进行安装、连接和调试，形成一个精炼镍产能 60000t/ 年的大型冶炼厂。这些构成冶炼厂主工艺线的模块单个重量为 2200 ～ 5000t，总重量则超过 50000t。

我公司是康奈博镍冶炼厂项目模块建造和安装的主要承包商，负责17个模块的结构制造、现场模块的组装连接及设备安装、管道安装、电气仪表等专业安装集成等主要工作内容。

图 1 为康奈博镍冶炼厂的 3D 模型示意。

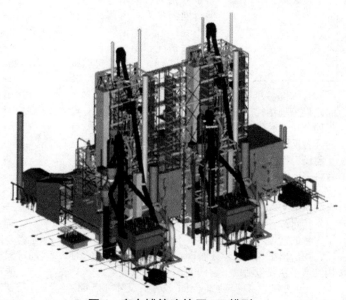

图 1 康奈博镍冶炼厂 3D 模型

3. 模块化工厂建设的原理

模块化工厂建设的原理是：模块化设计＋异地建造＋现场安装＝工厂建设。模块化的设计是指兼顾功能和工艺的模块单元划分和深化设计，是模块化建造和安装实施的前提和规划；模块化的建造是模块单元的集成化制造，可充分利用工厂的设备和场地资源及管理优势，提高制造质量、缩短制造周期、节约制造成本；模块化的现场安装可减少安装现场对人力、材料等各种资源的依赖和需求，同时在质量保证、缩短周期和降低成本方面与传统的分散流程式的现场安装有着不可比拟的优势。

4. 模块化工厂建设的流程

图 2 为模块化工厂建设的流程。

5. 模块化工厂建设的技术要点

我公司在承担康奈博炼镍工程的前期和实施过程中，与国际著名的工程承包商德西尼布（Technip）和海兹(Hatch)合作协同，对模块化工厂建设的关键技术做了研究和总结，主要有以下方面：

5.1 模块单元的规划和设计

模块单元的规划和设计对模块化工厂的建设的成功实施起着至关重要的作用，主要包括兼顾功能和工艺的模块单元划分和深化设计。模块的设计规划既要考虑工厂功能的独立性和连续性，还要兼顾考量建造和安装工艺的可行性，又要顾及资源和成本因素，因而其本身就是一个庞大的系统工程。康奈博炼镍工程冶炼塔经过反复计算和推演，分成了 6 个独立又相

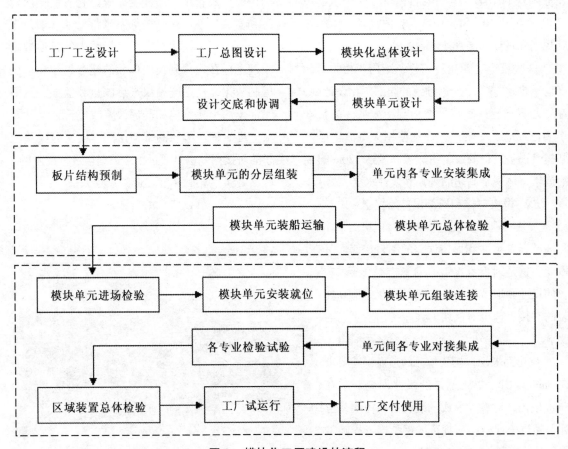

图 2　模块化工厂建设的流程

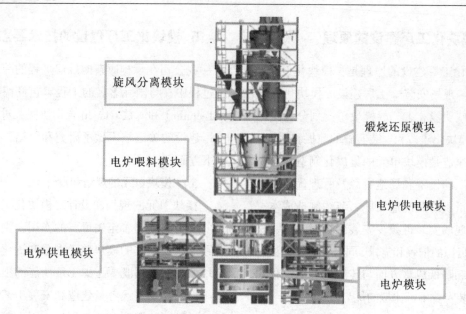

图 3　康奈博镍冶炼厂主冶炼塔模块示意图

互关联的模块：旋风分离模块（M105）、煅烧还原模块 (M104)、电炉喂料模块 (M103)、电炉供电模块 (M101 和 M102)、电炉模块 (A101)。其规划和设计如图 3 所示。

这些模块功能相对独立，结构互相关联，平均重量达 2500t，经过细致的内部深化设计后，在中国青岛建造完成后海运到南太平洋的新喀里多尼亚岛，在工厂所在地使用大型液压运输和提升设备进行安装，组成了高度达 120m 的主冶炼塔，体现了高超的规划和设计水准。

5.2　模块整体和局部误差的控制

模块建造和安装过程中，对模块的整体和局部误差尺寸和形位误差的测量控制尤其重要。这是因为不仅工厂的工艺本身要求装置的尺寸和形位误差，而且模块化建造和安装的对接工艺也对模块的误差提出了更高的要求。

从局部来说，模块单元的节点误差要求在 3mm 以内，单元整体的尺寸误差要求在 6mm 以内，对接后形成的装置的各项误差也远远超过了现行国家规范《钢结构工程施工质量验收规范》GB50205 的要求。

整体和局部误差尺寸和形位误差的测量控制借助于高精度的激光全站仪进行。对模块建造和安装均使用统一坐标系进行尺寸和形位误差控制，每个模块在这个坐标系内的各项数据通过坐标转换得到模块单元的建造尺寸和形位控制数据，使用全站仪进行测量和监控，从而保证模块单元整体和局部误差数值符合设计要求，当然模块单元的结构层间、模块与模块之间的对接误差也是通过坐标数据来进行控制的。

图 4 为模块单元建造的场景。

图 4　康奈博镍冶炼厂模块建造场景

图5　康奈博镍冶炼厂模块板片制造

5.3　模块制造焊接与变形控制

模块建造场地由于运输问题要邻近海岸，空气潮湿，大风天气频繁，焊接条件恶劣，焊接工作量又大，故需采用适宜的焊接工艺，严格焊接工艺纪律，并采取措施稳定和提高焊接的合格率。

模块建造的焊接量大，焊接作业密集，焊接收缩的尺寸和形位偏差的控制一直是模块建造的难点。我们通过计算和预留焊缝收缩量、严格控制坡口尺寸、尽量采用适宜的焊接方法控制焊接线能量、严格按照一定的焊接顺序施焊等措施抑制焊接变形，保证模块整体的尺寸

和形位偏差。图5为模块的板片在车间制作。

5.4　模块板片的精确对接

模块单元一般由板片结构和层间立柱对接形成。在康奈博工程中，最大的模块板片的面积超过$1500m^2$，每组装一层需要解决20多根立柱的对接，其尺寸控制和对接工艺是模块建造的重点和难点。

为了解决立柱精确对接的难题，我们细化了板片尺寸控制工艺方法（包括下料和焊接），提出了均分节点误差的控制办法，通过严格控制焊接变形，确保节点偏差在要求范围内，不形成大的累积误差。同时使用激光全站仪精确测量定位下层立柱节点，其数据作为上层立柱节点的偏差方向的参考，以求层层匹配。这样很好地解决了模块甲板组装多立柱精确对接和模块间对接的问题。当然，对接装具也很重要，我们设计了专用的对接工艺装具，使用这样的工艺装具能够得心应手地进行模块层间和块间的对接调整。

图6为构成模块的板片结构组装和立柱节点对接（装具）。

5.5　模块运输方式和变形防腐控制

鉴于模块的重量重、体积大和高度高的特

图6　康奈博镍冶炼厂模块板片组装（左）和模块板片立柱节点图（右）

图7 模块陆运（左）和海运（右）场景

点，其陆上运输必须使用专用的液压平板运输车（SPMT）进行，在本工程中我们使用德国产KAMAG多轴组合式液压平板运输车，最大的模块我们使用了350轴的组合（单轴额定承重200kN）进行平面运输和装船。

模块的海上运输须使用专用的大型平板运输船进行，可委托国内外有实力和经验的海运公司实施。

模块在海上运输的周期长，海上风浪大，气候恶劣多变，所以必须采取有效的措施，防止模块在海运过程中的变形、移位和腐蚀。对于模块的变形和移位，船上须采取稳妥的固定绑扎方式；为避免模块受海水和潮湿空气引起腐蚀，还要对模块表面及内部的结构和设施进行防腐处理，如油漆、涂油和喷蜡防护等。图7为模块陆运和海运场景。

5.6 模块现场大型吊装作业

由于模块的重量重（数千吨级）、体积大（数万立方）、高度高（数十米高），其现场安装就位极为困难，一般情况下必须采用特殊的吊装就位方式进行，且要确保万无一失。在康奈博工程中，模块安装时采用全液压垂直提（举）升后水平移位的吊装就位方式，其吊装的难度和风险极大，并需要有专

用的起重装备。研究方案的安全性、可操作性，研制起重作业专用装置、细化具体实施方案均需承包商做大量的工作。图8为模块现场吊装作业场景。

6. 模块化工厂建设对EPC承包商的要求

（1）具有大型工厂装置的设计能力和经验，注重模块化设计理念，有较强的设计深化、优化和设计协调能力；

（2）具有模块化工厂建设方面的施工技术实力和实践经验，如大型钢结构制造、焊接、大型设备和构件起重和组对等；

（3）具有较强的大型工厂（下转第79页）

图8 模块现场垂直提（举）升和水平移位场景

中东EPC工程总承包实例及简析

王力尚　杨俊杰

（中建股份有限公司海外部，北京　100125）

在EPC（Engineering + Procurement +Construction）模式下业主对承包商进行招标时还未进行工程设计，工程设计与施工将在总承包与业主签订后，由总承包商统一负责。这与传统的施工条件下的总承包模式不同，即业主方在完成设计后再进行对总承包商招投标。总承包商承担设计、采购和建造双重任务，同时也面临着双重风险。然而以施工为主业的传统的总承包商，缺乏设计经验，对设计的地位和管理还认识不足，经验和制度也不完备，容易导致设计管理混乱，最终使进度和质量都无法保证。这就增大总承包商履约风险，尤其是在海外工程。如何进行设计管理，成为中国建筑承包商在海外建筑市场面临的难题。本文结合阿联酋A项目EPC工程总承包管理，探讨EPC模式下的管理改进与建议。

一、项目概况

A项目位于中东阿联酋阿布扎比的Al

Reem岛上，总建筑面积约为387898m²，五栋塔楼分为两组，一组是C2、C3两栋塔楼及其附属裙房组成的高档住宅楼，分别是35、31层，最高建筑高度为146m，两栋塔楼由裙房连通；另一组是C10、C10A和C11三栋塔楼及其附属裙房组成的高档住宅及现代办公楼，分别为36/44/36层，最高建筑高度为203.35m。所有塔楼均采用框架–核心筒结构体系，裙房部分构件采用后张拉预应力结构体系，建筑外立面全部采用玻璃幕墙饰面，在全球变暖的大背景下，采用这种外立面饰面装饰既能够充分利用当地日照资源，改善生活环境，同时也使得整个高层建筑的造型新颖独特，具有现代高层建筑的典型特征。在裙房的屋顶均设有游泳水池，绿化景观，娱乐休闲设施，多层次、多变化和多功能的设计理念增强了建筑的艺术气息，突显了以人为本的现代生活、办公、娱乐的建筑风格设计理念。该项目采用EPC合同模式，包括设计采购与建造的任务。

图1　项目外观

A项目设计任务只是部分设计任务，即业主方完成概念设计后与总承包商签订EPC合同。部分设计任务包括基础设计、施工图设计、竣工图设计，由总承包商统一负责，并以边设计、边施工的方式分阶段开展工作。为了发挥设计优势，提出优化设计阶段，主要在项目基础设计阶段（技术设计），通过引进第三方专业优化设计公司，对设计方案进行评估与优化。主要的优势：①降低经济风险，总承包商可以在设计阶段对工程造价进行控制，通过第三方独立优化设计，使设计方案更为经济性与合理。②将设计与施工结合起来，目标一致，统一运作，可以很好解决设计与施工衔接问题，使设计方案更可操作性。

二、A项目施工管理特点

（一）项目管理模式

项目领导分为项目代表和项目经理，对外（业主和监理）协调由项目经理（相当于国内项目执行经理）负责，对内（项目经理部管理）由项目代表（相当于国内项目经理）负责；中层部门经理多由国外人员来担任；工程师级别则为中式化，多由中国人担任；劳务队伍为我们公司的自营队，如图2所示。

（1）RFI（Request Of Information）管理程序标准化；

（2）项目管理模式格式化：项目领导分为项目代表和项目经理，对外（业主和监理）协调由项目经理（相当于国内项目执行经理）负责，对内（项目经理部管理）由项目代表（相当于国内项目经理）负责；中层部门经理多由国外人员来担任；工程师级别则为中式化，多由中国人担任；劳务队伍为我们公司的自营队。

（3）劳务队伍固定化：自营队伍；

（4）融入当地属地化：从当地招聘一些员工；

（5）对接西方国际化：招聘一些西方员工与我们共同工作。

（二）使用P3软件对项目跟踪升级，并且动态优化，使计划更趋合理、优化

P3软件的应用能够使计划管理与工程实际更密切地结合在一起，从而使计划管理体系的建立成为可能，解决了计划分类，分层次管理的问题，真正实现了计划由多人管理的目的，改变了以部门为中心到实现以项目管理为中心的状态，改变了以往计划不如变化快的局面。P3软件编制进度计划的直接目的就是工程所有参与人员知道各个时间段应该达到的具体工程进度以及明确下各阶段哪些工作是关键路径，然后有的放矢，并且有效准确地预测工程图纸，

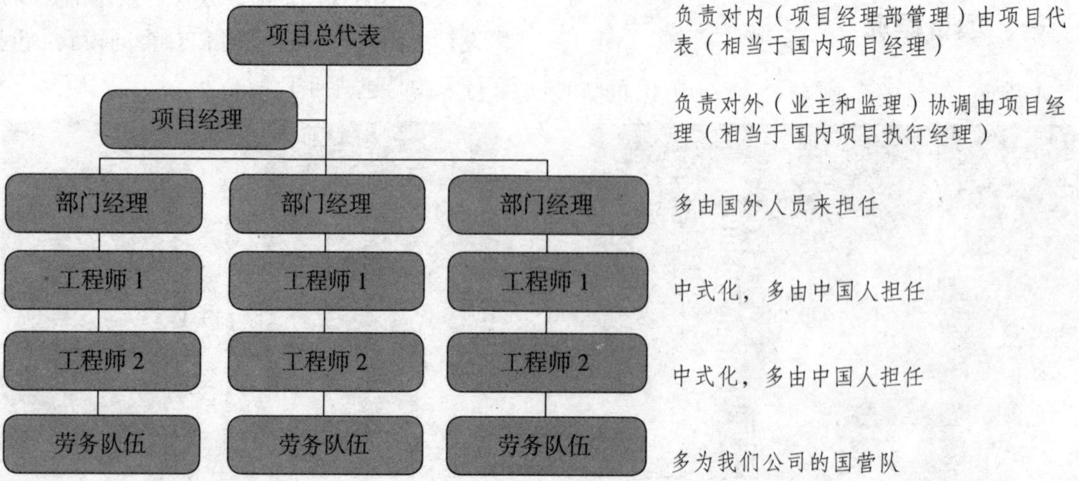

负责对内（项目经理部管理）由项目代表（相当于国内项目经理）

负责对外（业主和监理）协调由项目经理（相当于国内项目执行经理）

多由国外人员来担任

中式化，多由中国人担任

中式化，多由中国人担任

多为我们公司的国营队

图2　项目管理模式

材料的到场需要时间，当遇到工程延误关键路径的时候，可以及时提醒项目管理人员，通过调整资源，改变施工方法等手段，及时弥补，减少工程损失。P3软件使多级计划共存于一个计划，下级计划完成量可以在上级计划完成量中反映等管理方面的问题，并且解决了计划信息实时更新的问题，便于计划管理人员、决策人员对工程的进展进行实时动态控制，从而保证了项目按计划实施，达到预期目的。这就要求，项目业主、项目的设计、监理、承包商、质量监督多方共同使用P3软件，在统一的管理模式下，完成各自权限下的计划。

建立WBD（Work Break Down）骨架，在随后编制具体工作的计划时，要粗细有别，对于业主方，监理方以及业主指定分包和指定材料的计划安排及其与我们工作的相关逻辑关系，要尤其做到全面详细计划、严格、严谨，以便日后当工程有延误的时候，我们需要通过主计划，准确地反映出来相应的责任方。把合同额根据WBD的单元工程进行分配，根据具体工作分布的时间，计算出合同工期内，每个月所需要的人力及应该创造的价值，再通过Excel即可编制成项目资金曲线，即我们常说的"Cash Flow"（现金流）。

当项目进度延误的时候，做好记录进行索赔的同时，进行分析得出接下来的关键路径，然后通过调整资源分配，或者通过改进施工分法等手段，及时弥补，追赶进度，同时制作追赶计划，并绘制追赶曲线。如果对工期没有影响，因此而多花费的成本则需要业主承担。

P3软件就是应用许多相互制约、相互关联的因素，来客观分析工程实际情况，为管理决策提供依据。只有这样，项目的进度、资源、费用等关键因素才能够真正得以统筹考虑，项目可能在合理的工期、资源和费用下平稳顺利地加以实施。当工程有工期延误的情况时，P3软件作为科学评估问题的具体责任方以及定量

的评估延误时间（EOT）具有极其重要的作用和意义。动态计划管理工作需要综合考虑公司所有资源，包括机械、人力、财务控制等，对各个项目进行协调优化，从而节约工程成本，提高工程效率，把项目管理水平推到新的高度。

（三）打造有凝聚力、战斗力、执行力的项目管理团队是项目管理取得成功的基石

项目管理是一项团队工作，必须有一只有凝聚力、战斗力、执行力的管理团队方可实现既定目标。A项目开始之时，阿布扎比建筑市场正处于蓬勃发展初期，项目管理人员严重短缺，通过市场化方式获得职业化人才的难度很大，而同时中东公司也处于高速扩张阶段，内部资源也都处在满负荷运转状态，组建项目管理团队遇到很大的困难。在分析此客观现实后，项目管理层在中东公司领导层的大力支持下，果断做出了稳定项目已有核心管理人员与加快培养中国籍年轻管理人员的决策，首先通过多种"留人"方式并用，保证了项目管理层中数位核心管理人员长期稳定地工作，其次通过卓有成效的管理人员后备队伍建设，在与有潜质的培养对象摸底、谈话、考察的基础上，与其共同制定在本项目的职业发展目标，坚持培训与任用相结合，很快就培养出一大批能够独挡一面的中国籍青年管理骨干，在项目中期即开始发挥显著作用，在项目后期已经成长为项目核心人员，这批青年管理人员专业基础扎实、熟悉海外工程特点、对公司忠诚度高、稳定性好，以后也会成为中东公司发展的重要力量。

在项目管理团队骨架形成后，高效的沟通与管理工作也就成为能否保证项目团队长期有凝聚力、战斗力、执行力的决定因素。项目管理层采取多种方式结合，大力倡导沟通与管理并重的理念，在有效沟通中实现管理，在管理的过程中加强沟通，使项目管理团队绝大多数

人员能够认同项目管理的愿景与目标，认可项目管理所实行的方法，并愿意为实现项目目标而努力工作，从而在整个项目团队中创造出良好的工作氛围，而这也是项目能够圆满实施的又一重要保证。

（四）准确分析与判断项目所处的外在局面，采取灵活有效的措施积极应对

在 A 项目实施期间，整个阿布扎比房地产市场大起大落，因而导致处于下游的建筑承包市场与项目日常管理工作都处于纷繁复杂、变化多端的局面之中，如何能正确地分析与把握项目所处的局面，抓住主要矛盾及采取灵活有效的措施去解决，是项目管理团队尤其是项目管理层所必须面对与解决的问题。房地产市场的不同周期阶段业主采取的策略不同，由此也引发承包商的工作重点不同。

结构设计方案常常能满足建筑功能和结构安全可靠度的要求，然而往往设计人员施工经验不足，对施工流程和工艺不熟悉，致使设计与现场施工脱节，造成施工难度加大，成本支出增加。因此结构优化设计阶段，始终树立优化设计与施工集成思想。同时要求施工技术人员积极参与设计方案讨论，紧密结合建筑结构特点和所采取施工措施，将技术、材料和施工工艺进行综合考虑，已达到降低施工难度和工程造价。在项目实施过程中，A 项目管理层在中东公司领导层的正确指导下，准确分析房地产市场给业主带来的影响，密切观察业主的策略调整，及时确定我方最优应对方案与积极应对，从而做到了在不同阶段都占有一定程度的主动，保证项目实施的最后效果。

（五）从设计优化与装修材料采购入手，大幅降低工程成本

本项目经过激烈的市场竞争而得到，加之在施工阶段又经历了 2008 年上半年的建筑材料价格飙升、施工期显著拖长等不利因素的影响，成本压力较大。项目管理层在工程开工之时即根据项目特点制定了项目策划，找出项目成本控制的关键点与突破点，从人员安排、工作策划、过程监控等多方面精心部署，细致工作，最终从设计优化与装修材料采购方面取得显著突破，大幅降低了工程成本，保证了项目盈利目标的实现。

（六）推行责权利相统一的现场区域化管理模式，有效调动所有参与人员的积极性

A 项目施工面积大，施工栋号多，参建队伍多，是平面展开施工项目与竖向垂直施工项目的结合体，现场管理难度很大。在施工过程中项目管理层根据项目特点，推行责权利统一的现场区域化管理模式，打破现场工程师与施工队伍的管理界限，使之成为目标一致、利益相同的一个团队，在各个栋号之间形成"比、学、赶、超"的良好竞赛氛围，通过项目的周期性评比，极大程度地激发了所有参与人员的积极性与创造性，为项目成功实施奠定了坚实的基础。

（七）积极发挥价值工程在 EPC 项目的作用

EPC 项目的实施过程中，由于总承包商承担了全部设计的责任，合约上来讲这是权利与义务的结合。义务方面，不言而喻，总承包商有 100% 的义务与责任向业主提供所要求的产品，所以总承包商在设计过程中，一定要贯彻"业主要求"，了解与界定这个要求非常重要。EPC 总承包商在设计方面应享受其权利。这个"权利"，我们可以将其当作"价值工程"来理解。承包商可以通过"优化设计"，在满足业主需要的前提下，进行效益与利益的最优化。

通过在本项目的结构设计优化过程中应用价值工程分析，取得了较好的经济效益，节约大量的材料，降低劳动力的使用量，保证了项目工期，赢了业主的口碑，为中建中东公司在阿布扎比承包市场上的不断开拓打下了扎实的基础。

从表1可以看出，通过在项目初步设计以及施工图设计阶段，对整个工程项目进行结构

混凝土和钢筋材料节约数量及金额　表1

材料	C2C3	C10C10AC11	合计
混凝土（方）	10271	16755	27026
钢筋（公斤）	321687	1105852	1427539
合计（万元）	990	1887	2877

优化设计和价值工程分析，仅就混凝土和钢筋这两项施工材料的用量就节省了2877万元（人民币），创造了相当可观的经济效益，而且为现场钢筋的绑扎和混凝土的浇筑工作提供了便利的条件，因此节省了大量的劳动力，也加快了建筑项目的施工速度。

根据帕累托图法（也叫主次因素分析图法），处在0～80%百分比区间的因素为A类因素，为重点控制对象，处在80%～90%百分比区间的因素为B类因素，为次重点控制对象，处在90%～100%百分比区间的因素为C类因素，为一般控制对象。从图3和图4可知，对于混凝土这一主要建筑材料进行结构优化设计和价值工程分析，剪力墙和挡土墙为A类因素，进行重点控制；裙房筏板为B类因素，进行次重点控制，水箱为C类因素；应进行一般控制。而对于钢筋这一主要建筑材料进行结构优化设计和价值工程分析，挡土墙、塔楼筏板、桩帽及水箱为A类因素，进行重点控制；裙房筏板为B类因素，进行次重点控制；剪力墙为C类因素，应进行一般控制。

价值工程作为一门系统性、交叉性的管理科学技术，它是以功能创新作为核心，实现经济效益作为目标，寻找出工程建设项目中重点改进的研究对象，再创新优化，提高建设项目的整体价值，将技术、经济与经营管理三者紧密结合的方法。通过大量的研究调查表明，工程建设项目的各个阶段对成本都有影响，但影响的程度大小不一。并且人们已经认识到，对建设项目成本影响较大的是决策和设计阶段。但是如何在这两个阶段进行成本的有效控制，

尤其是在建设项目设计阶段的研究较少。前文通过分析建设项目设计阶段成本的预测、预控的要点，提出了在这个阶段成本与功能的正确配置，是能否进行有效成本控制的核心，而价值工程理论正好为成本与功能的正确配置提供了应用的条件。

三、项目施工管理的几个难点

（一）客观存在的难点

（1）自然环境的难点。中东地区，气候燥热，夏季室外温度高达50℃以上，每年6~9月下午3点以前按照阿布扎比劳工部的要求是不允许进行室外施工的。

（2）社会环境的难点。中东地区，信奉伊斯兰教，主流语言为阿拉伯语，并且有大量

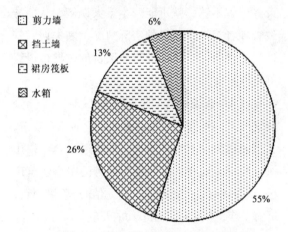

图3　混凝土节约量构成分布图

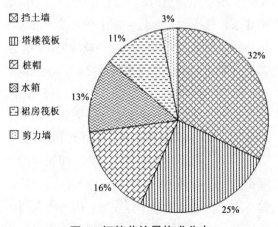

图4　钢筋节约量构成分布

的外来人员（印度、巴基斯坦，约旦，泰国，越南等），语言环境复杂，文化差异巨大，对相同事物的理解偏差很大。不同地域、不同文化、风土人情、法律政策人相聚在一起，判断失误，管理产生误差，都是很正常的事情。

（3）海外工程跨文化管理复杂。项目跨文化管理是指对来自不同地域、文化背景的人员、组织机构等进行的协调、整合的管理过程，是海外工程项目管理中的重要组成部分。当地分包商、供应商、政府机构等办事效率低，选择面不大，不如国内，由于文化背景与习惯上的差异，容易导致总承包商的计划超期。项目跨文化管理对海外工程项目管理是非常重要的。因为在海外工程项目中，承包商往往来自不同地域，如果对当地的文化、风土人情、法律政策等了解不够，就可能产生重大误解，从而导致管理者对工程项目的实际情况判断失误，管理产生误差，进而严重影响项目的进展，最终可能导致项目的失败。

（4）市场行情变化剧烈（2008~2009年经济危机）。面对经济危机洪水猛兽般的肆意攻击，上至公司领导下到基层人员集体通力合作，用执着与艰辛固守在如气候般恶劣的中东建筑市场。项目领导首先鼓励大家建立信心，珍惜项目，努力工作，减少一切能节约的开支。

（5）施工文件的准备与报批过程长。根据阿拉伯世界特色的国际 FIDIC 条款及相应规范要求，施工单位每做一项工作之前，都需要准备相应的施工文件，只有等到监理公司/业主、甚至政府相关部门的正式批准之后，才可以实施，如深化设计的施工图、施工方案、材料报批、分包选择、质量、安全计划等。假如一次报批没有被批准，还需要第二次，甚至更多次上报，直至更多次上报，直到批准为止，而每次的周期都需要两周甚至更长时间。这和国内的项目技术管理体制是完全不一样的，国内所有图纸基本都是设计院的事情，而在阿联酋阿布扎比

的项目，就需要建筑承包商自己进行深化设计，然后申报，让监理/业主批复。

（6）大量的施工准备工作难题。项目管理人员的组织，缺口较大，从国内调遣至少也得一个月左右；施工现场的临时办公室使用集装箱代替，搭设的是简易厕所，加工场地的安排临时就近布置；为正常施工服务的生产和生活设施所需的物资和投入到施工生产的各项物资材料准备受到外界影响；图纸深化、方案编制、建立测量控制网、规范四个方面的技术准备也需要一定的时间。这些繁多复杂的千头万绪准备工作就需要领导能够在很短的时间内，迅速作出判断，理清思路，抓住关键线路开展工作。同时，公司的管理人员大多属于国内派，合同期 2~3 年，因此每 2~3 年时间几乎会轮换一批，流动性大。

（7）分包管理－材料和图纸报批难。在阿联酋项目管理中，业主方的管理由业主代表和业主选定的监理公司共同组成。在阿联酋项目施工过程中，材料、图纸必须经过业主和监理的批准以后才能用于施工，所以图纸和材料的报批对工程的顺利实施非常重要。然而在报批的程序和时间的消耗上却是巨大的，因此，如何顺利地通过报批就是摆在国际工程承包商面前的一道难题。

（8）施工组织管理难度大。基础阶段和主体施工阶段，每个塔楼划分两个流水段。材料问题。由于工期紧、现场施工速度快的现实，本项目每天所需的施工材料和周转材料强度远远超出我们的想象。施工过程中根据每天的工作量制定钢筋、模板、管材等材料进场计划，使进场材料能够得到科学运用。最复杂的时候是主体结构施工到 15 层以上，下部几层进入装修阶段，现场材料的进场、堆放、周转就得要满足现场施工进度。

（9）劳动力问题及车辆问题。由于项目的超大，劳动力的需求也超出了一般项目，高

峰期的时候 3500~5000 工人，每天乘坐大巴汽车往返营地和项目上下班，场面非常壮观。按照每个大巴座位 70 人的话，大巴数量差不多就是 65~70 辆。

（10）工期紧张问题。因为在阿联酋国家执行国际 FIDIC 条款，图纸需要承包商进行深化设计，并申报监理 / 业主批复。提前做好各项施工准备，尽可能提前进场；合理分区，科学组织流水施工，标准层施工期间，平均每层工期为 7~8 天；尽早插入机电和内外装修施工，机电材料设备应尽早订货并确保供应；尽早拆除塔吊和施工电梯等机械，确保外墙封闭提前，确保室内装修尽早施工；合理规划现场平面布置图，使各种材料科学堆放。以解决地下室阶段的材料加工、堆放用地需求。

（11）质量难题分析。项目质量的控制难度比国内更难，公司领导和项目领导都很重视质量。公司领导直接委派质量总监到项目工作，代表公司对项目质量进行全过程监督和负责。编制项目质量计划、创优计划。动态管理，节点考核，严格奖罚的原则，确保每个分项工程为精品工程。分级进行质量目标管理。按照人员不同层次进行质量控制。从工人、班组长、工长、日常管理之中。按照工程不同阶段进行质量控制。从地基阶段、基础阶段、主体阶段、内外装修阶段、机电安装阶段制定相应的质量目标。通过对各个分解目标的控制来确保整体质量目标的实现。按照工程不同分部进行质量控制。从混凝土工程、钢筋工程、模板工程、测量工程、装修工程、给排水工程、电气工程、暖通工程等分项工程建立相应质量控制目标。

（12）施工时间的限制：①阿联酋当地夏季比较炎热，7~9 三个月中午休息时间为 10：30~15：30。②由于伊斯兰教，斋月期间下午休息，进而影响施工进度。③周五休息，不施工。④工人的工作效率比国内低，而且劳动力资源的选择量小。中国工人在高温气候下的日产值不如国内，印度和巴基斯坦等国的工人技术水平差，每天工作时间短，而且往往休息日不愿意工作，工程进度受到影响。

（二）施工人员流动问题

国际项目工程员工来自很多国家，如中国、印度、阿联酋、埃及、黎巴嫩、英国、新加坡、马来西亚等 20 多个国家。这就使国际 EPC 工程的总承包管理与国内 EPC 工程总承包管理有所差异。A 项目采用中外组合的方式，由外籍员工负责对外沟通，中籍员工负责内部管理并向公司及业主最终负责。从此找到了适合于中国建筑施工企业在海外施工的管理方法，在较短时间内适应了国际建筑市场的要求，保障了项目管理的正常进行。

但是海外项目的施工人员流动性是很大的，一些在国内有工作经验的工作人员，英语和国际项目管理的水平很弱；而一些刚毕业的大学生，英语虽然会一些但还不精通，国际项目管理还没经验；如果想适应这就使国际 EPC 工程的总承包管理就需要员工提高英语和熟悉 FIDIC 条款，以及项目管理水平，这就需要 5 年以上的海外项目管理经验的沉淀。而我们的大多数员工海外合同期限是两年或三年，3 年后员工基本剩余 40%，5 年后员工基本剩余 20%，7 年后员工基本剩余 10%；人员的流动性问题给项目往往带来一些很严重的问题。

（三）充分使用设计 / 采购功能，发挥 EPC 优势

把设计进度纳入项目工程总进度计划之中，设计要按照项目的控制里程碑进行分批分阶段设计工作。在项目前期和设计时，要充分考虑设计对采购与施工的因素，考虑订货时间长及影响施工关键点的设计工作。为了节约项目工期，保证项目总进度计划，设计工作应当按照项目施工现场要求分阶段交图。采购工作也应当纳入项目总进度计划，提高采购质量与层次，

节约成本费用，缩短采购周期。在项目施工期间，项目工程技术部要把设计失误的信息提前解决，避免返工浪费，节约成本缩短项目施工工期。

（四）项目管理合同问题

本 EPC 工程合同条件，在合同特殊条款中增加了很多对业主有利的条款，与国内的建筑合同相差很大。如何在已签订的合同框架下履约是项目经理部的主要任务，而合约管理也是国际工程管理的核心组成部分之一。项目经理部通过完整的合约交底、定期举行业务学习交流、根据项目合约特点来制定有针对性的项目内部管理制度、聘用外部合约管理顾问公司等提升项目的合约管理水平。通过上述各种方式，项目经理部得以有效地开展了合约管理工作，维护了我方的合同权益，为项目目标的实现提供了保障。

（五）建筑市场风险管控问题

A 项目在实施过程中经受了全球债务危机给建筑行业带来的冲击。项目部在工程开始即把项目风险管理作为项目管理的重中之重，从战略高度来规划项目风险管理，最大程度地规避风险、降低风险发生时的影响，最终取得了较为满意的结果。例如在合同谈判阶段就预见到了项目市政配套设施有可能出现延误，因此有针对性地在合同中增加相关工期索赔条款，保证了我方利益。实践证明，这种以项目风险管理作为海外项目施工管理核心内容来抓的管理方式较好地适应了海外项目施工管理的特点，具有很强的推广价值。对项目全面有效的管理是在质量方面取得管理成果的基础，A 项目经理部通过以上各方面的不断努力，保证了项目施工管理的良好进行，也保证了项目质量管理取得良好成果。

四、设计管理现状及存在问题

（一）设计管理地位模糊

以施工为主营的总承包商在海外 EPC 项目中，面临着诸多挑战，就本项目而言，主要面临问题有：①由于项目的特殊性，业主方已经完成项目的结构方案的设计，虽规避了部分设计风险，同时也失去了设计的主动权。不仅对结构优化设计产生一定的局限性，而且还需承担原设计存在的缺陷风险。②由于设计规范，法律、文化背景与国内情形有很大差别，仅仅依靠承包商自身技术力量难以完成设计任务。③采用设计分包、设计的核心技术往往由设计方控制，承包商多以被动接受，难以有效进行技术控制。④结构设计方案与现场施工脱节问题。⑤结构优化设计，涉及多部门多专业工种，技术协调工作繁重。⑥项目合同工期压力大，五栋塔楼的合同工期为 32 个月。

总承包商自身的设计部门或设计管理人员难以完成项目全部设计工作，通常采用"设计分包"来完成设计任务。在设计合同中对设计工作的范围、义务和相应要求进行明确规定，造成总承包的管理人员往往将设计单位定位于"设计分包"的角色，将设计管理变成了设计工作监督，设计地位认识模糊。因为设计的地位和服务对象发生变化，设计工作不是单一设计任务，而应是在总承包商统一管理下整个项目周期所有工作的一个部分。

（二）设计动态管理的经验不足

为了加快施工进度，采用边设计边施工，设计工作本身就是个动态的过程，总承包商往往缺乏动态设计管理的经验。项目设计是一个系统工作，包括建筑、结构、电气、暖通、幕墙等多个专业。随着设计深度不断细化，专业设计间不断深度交叉，不同专业设计的进度快慢或设计深度不同，相互影响，缺乏统筹兼顾的管理经验。同时，在设计过程中发现的错误、遗漏及设计缺陷需要及时更新设计文件，各专业图纸变更和版本号升级，以及对设计中存在的问题，缺乏统一的动态管理。

五、设计风险因素

在EPC项目中，设计工作处于整个项目核心地位，对项目的工期、质量、成本都有相当大的影响，因此设计风险也成为EPC项目最重要的风险。设计风险如下：

（一）设计进度控制

（1）由于以施工为主业承包商缺乏设计经验或者不具备设计能力，通常采用设计分包的形式，进行开展设计工作。然而设计核心技术在于设计分包，难以有效控制，因而项目前期的基础设计进度过分依赖设计分包，分包的设计进度直接影响后续工作。如果设计方不能按计划完成设计图纸，导致施工图纸不能及时提供，直接影响工程进度。

（2）施工图纸获得批准不确定性，承包商的施工图设计，需要业主方及顾问公司进行批准，审核的时间通常为15个工作日。因不同的国家的设计习惯、采用标准不同，或要求不同，使得报验的施工图设计不能正确理解，需要进行修改或补充设计，难以一次获得批准，造成批准的延误。

（3）虽然设计分为不同阶段，但整个设计过程是连续的，并逐步深化和细化的过程，在不同设计阶段的设计的内容和设计深度有不同的要求，随着设计工作深度交叉，容易受信息流动和各专业间设计进度制约，造成设计进度滞后或停滞。主要表现在三个层面，①各个专业内部的信息流动与设计进度，②各个专业间的信息流动与设计进度，③各个专业设计与采购、施工、合约等部门间协调。在实际操作过程中，常常面临着"计划赶不上变化"，使得设计人员产生懈怠情绪，相互间推卸责任，从而影响设计进度。

（二）设计质量

设计质量风险主要包括设计缺陷、错误和遗漏。一方面由于本项目设计工作是部分设计，承包商需要承担着业主提供的原始设计数据错误和概念设计中的缺陷；另一方面采用设计分包，设计方提供设计成果往往不是最完善的图纸，也包含着设计缺陷，错误或遗漏。如果这些设计缺陷、错误和遗漏不能及时发现，将会影响项目正常实施。设计缺陷和遗漏必然导致设计变更的频繁，容易造成现场返工或补救，从而造成工期延误，增加工程量及建造成本等影响，因此承包方承担着更多因设计原因造成的风险。

（三）设计标准差异与变化

设计标准差异与变化主要有三种情形：①标准与标准之间差异：项目设计的标准同时采用英标（BS）和美标（ACI），如结构设计中，基础设计采用BS8004：1986（Code of practice for foundation），混凝土规范则采用ACI318：2005（Structural use of concrete:code of practice）。不同的标准之前存在一定的差异或矛盾，如果承包商不能正确理解或进行必要澄清，易导致设计标准的混淆。②设计标准与本地政府要求之间差异：承包商项目设计过程中，虽满足规范的要求，但必须获得当地政府批准。项目所在地相关行政部门可能会强制要求承包商满足某一特定标准或规范，尤其需要与市政工程接入的项目，最终导致总承包商不得不修改设计或重建。③本地政府要求变化：EPC项目设计工作量大，项目工期相对较长，在项目实施的过程中，项目所在地规范标准变化或新规范的出现，容易造成设计工作的被动。如主体结构施工过半，本地政府处于安全考虑，要求超高层建筑，必须设立独立逃生层及独立的逃生电梯，对原设计方案影响重大。

（四）优化设计

采用第三方优化设计，不仅可以弥补总承包方的技术不足，同时也是对设计分包设计方案进行技术控制，对工程造价进行关键性控制。

然而在实际操作过程中也存在不确定性，①优化范围不确定性，优化设计分包的设计费用是根据优化节约工程量进行取费，容易造成优化分包"抓大放小"，只对能节约较大工程量部位进行优化。②优化设计提出新的设计方案，往往注重技术可行性而忽视施工的可操作性，施工难度加大，无形中增加施工成本。如办公楼转换层采用钢骨混凝土结构，虽减少一定数量剪力墙，但大型钢梁在高空安装的费用超出节约的工程量费用。③采用新工艺和材料时，没有成熟经验和技术，工艺无法达到要求性能指标，造成施工质量的不确定性。

六、几点建议

（一）设计管理改进与建议

针对不同的设计阶段，提出工作方式和步骤的管理改进与建议：(1) 基础设计阶段：①提前介入；②审核项目招标，投标、技术澄清文件；③建立与业主及设计方及时沟通渠道；④明确设计实施规划及内容；⑤明确设计进度与深度要求。(2)优化设计阶段：①初步设计；②内部审核版；③供专业优化公司审核版；④供其他专业协调版；⑤最终设计政府报验版。(3) 施工图设计阶段及竣工图：①细节设计；②标准节点；③RFI；④业主及咨询公司批准；⑤施工图编号及版本更新；⑥竣工图及时更新版本。(4) 图纸审核过程：①内部审核（内控、专业分包图纸审核），内部协调、专业间协调和部门间协调（技术、QA/QC、施工、合约、进度）；②外部审核（主要是施工图，业主及顾问公司审核）。

（二）正确处理好项目索赔和暂停问题

由于受 2008 年全球金融危机的影响，本项目业主资金安排受到一定的影响，付款时间自然拖延，根据 FIDIC，承包商可以正当的进行暂停和进行索赔，以减少自己的风险。

索赔包括工期索赔和款项索赔，就当时的状况来看，承包商有两到三次暂停阶段，随着业主的付款到位，承包商尽快复工，一切均可按照合同进行。

（三）正确处理好合同工期、施工工期和合理工期的关系

合理工期是综合考虑设计进度、采购进度和施工进度的项目总进度计划，也是谈判期间必须坚守的合理建设工期。在实施过程中不能随意改变或提前工期，因为提前工期要加大投入，成本费用将会提高。只有业主同意追加提前工期补偿，才可以考虑加大投入。只有深刻理解这三者的关系，才会灵活处理这三者的关系。

（四）尽快与国际化接轨，熟悉 FIDIC 条款

总承包商要始终站在业主的角度上看待问题、分析问题和解决问题，变成实质性的合作关系。国际 EPC 项目总承包管理要协调和监控各分包商完成项目的工程细节。充分理解 FIDIC 条款下的 EPC 项目总承包的含义，积极考虑设计与施工的结合，降低工程造价。因为工程造价的 85%~90% 是由设计阶段确定的，施工阶段的影响是比较小的。首先在结构技术设计阶段，采用设计分包，并优选国际知名的设计咨询公司，为 A 项目提供高质量的方案和设计支持。其次为了发挥优化设计的核心作用和优势，联合本地一家声誉好，结构优化设计经验丰富的工程咨询公司，对设计方提供结构设计方案，再进行优化设计。一方面弥补自身技术力量薄弱，另一方面对设计方案进行技术监督与控制。设计阶段可以积极引用新技术、新工艺、新材料、新设备等，可以最大限度优化项目功能的措施，比如本项目使用了大体积斜柱浇注技术、大跨预应力技术、优化设计和价值工程技术、台模和爬模施工技术等，以及很多新材料和新设备等。

只有改变我们的某些局限性思维与国际理念接轨，学习 FIDIC 条款从业主的角度视野看

待问题，保证业主的利益，达到资源和整体利益的最佳组合，达到最佳结果。

七、结语

（1）本案例是一项大型的设计－采购－施工（EPC）工程总承包项目，合同额为4.53亿美元左右，总工期62月。该项目是在全球金融危机的情况下中标的EPC项目，项目经理部格外珍惜得之不易的实施机会，投入了大量的人力、物力、财力等，提高了成本降低了一定的利润，应该说是当时公司上下都非常重视此项目。

（2）比较幸运的是，我们中国建筑承包商走出国门，接触的恶劣环境，经历的全球危机和金融危机，遇见的项目管理困难（人员流动比较大、节假日很少休息）是国内比较少见、不可想象的。这个只有在海外施工过的人，才会体会到这中间的苦辣酸甜的艰辛和痛苦，困难积少成多汇聚成山。能够处在这样的条件和环境下进行EPC工程总承包项目的实施，可以说是个超级难解之题。在项目组周密策划，精

选组织，项目组团队，兢兢业业，严于管理，最终向业主提交了满意的工程。

（3）EPC/T工程项目总承包的实施，需要我们努力进取，肯定不会"天上掉馅饼"似的那么轻而易举，非艰苦卓绝不可，该项目的艰难已经证明了这一点，也只有在这个特殊的环境里摸爬滚打三到五年，才会体会到中间的艰辛。春花和秋实，相辅相成；付出和得到，互为因果；团队的力量是任何困难也能克服的。其人生的意义和价值也在其中了。有"抖金养玉的年代，生金护银的土壤"，EPC工程总承包事业会蒸蒸日上、突飞猛进。

（4）通过项目总承包案例分析与总结，悟到了现代化技术工具和手段的重要性，特别了解到P3/P6计划软件的重要性，打造有凝聚力、战斗力、执行力的项目管理团队，大幅度降低工程成本，积极发挥价值工程在EPC项目的作用，预防和灵活处理各种风险，正确处理好项目索赔和暂停问题，尽快与国际化接轨，熟悉运用FIDIC条款。⑥

（上接第68页）建设工程质量控制、安全控制和物流资源管理等方面的能力和实力。

7. 模块化工厂建设的前景

正如前面提到的，康奈博镍冶炼厂项目的建设已经影响到了世界各地沿海矿山冶炼厂的建造模式，这是在环境恶劣、资源贫乏的地区（如海岛、山区）进行工厂建设的一条好的思路。这种建设模式也将会被越来越多的业主和投资者应用，市场前景非常广阔。例如：与康奈博镍冶炼厂工程类似的一个模块化炼铁厂的模块已经在我国的上海开始建造；康奈博镍矿的业主超达镍（Xstrata Nickel）也已启动另一个位于坦桑尼亚的模块化镍冶炼厂的建设计划；而美国雪佛龙石油在澳大利亚珀斯投资的浅海油气

开采工程的大型管廊模块化工程也已经在中国青岛某工程公司场地内开工。

8. 结语

模块化工厂建设的实质是异地建造和现场安装，包含有模块化设计、模块建造尺寸控制、模块板片组装焊接、模块陆运和海运、模块现场安装对接等多项复杂的技术内容。而建设模块化的工厂对EPC承包商在技术层面提出了很高的要求，同时随着世界经济的发展和中国工程承包市场的兴起，将会有越来越多的模块化工厂建设项目在中国实施，所以研究和掌握模块化工厂建造和安装技术，对希望立足国内、走出国门的工程承包商来说有着非常重要的意义。⑥

中国企业在缅甸投资状况分析

——以中缅油气管道项目为例

陈雅雯

（对外经济贸易大学国际经贸学院，北京 100029）

摘　要： 中缅油气管道境外和境内段项目总投资额为 25.4 亿美元，在建设过程中克服了自然条件和政治方面的重重困难，2013 年 9 月 30 日，中缅天然气管道全线贯通，开始输气。这宗大型海外投资项目为我国企业在缅甸投资带来了启示：首先，中国政府应争取与缅甸政府多方面的协调，争取有利政策。其次，建立风险保障体系，投保海外投资险。最后，可借鉴日本经验，在缅甸各地设置办事处，负责搜集当地第一手资讯，使中国企业在信息资源上不落后于竞争对手。企业要实施谨慎的项目评估，既要做也要说，加强和当地非政府组织和老百姓的沟通，积极承担起企业的社会责任。在企业向外发展过程中，由于巨大的投资风险仍然存在，企业要对各类风险进行识别和分析，并采取规避措施。

关键词： 中国企业；海外投资；风险控制

一、中缅油气管道项目简介

2009 年 12 月，中国石油天然气集团公司与缅甸能源部签署了中缅原油管道权利与义务协议。协议规定，缅甸联邦政府授予东南亚原油管道有限公司对中缅原油管道的特许经营权，并负责管道的建设及运营等。东南亚原油管道有限公司同时还享有税收减免、原油过境、进出口清关和路权作业等相关权利，缅甸政府保证东南亚原油管道有限公司对管道的所有权和独家经营权，保障管道安全。中缅油气管道是继中亚油气管道、中俄原油管道、海上通道之后的第四大能源进口通道。它包括原油管道和天然气管道，可以使原油运输不经过马六甲海峡，从西南地区输送到中国。中缅原油管道的起点位于缅甸西海岸的马德岛，天然气管道起点在皎漂港。缅甸境内全长 771 公里，中国境

内原油管道全长 1631 公里，天然气管道全长 1727 公里。中缅油气管道境外和境内段分别于 2010 年 6 月 3 日和 9 月 10 日正式开工建设。2013 年 9 月 30 日，中缅天然气管道全线贯通，开始输气。这条管道每年能向国内输送 120 亿立方米天然气，而原油管道的设计能力则为 2200 万吨/年。项目总投资额为 25.4 亿美元，其中石油管道投资额为 15 亿美元，天然气管道投资额为 10.4 亿美元。

在项目建设过程中克服了重重困难。首先是自然条件方面：这条从横断山脉和云贵高原穿过的中国第四条能源战略通道，被称为我国迄今为止"施工难度最大、环保要求最严、建设工期最紧"的管道建设工程。中国段的施工难度主要有三类：首先，是崇山峻岭间隧道和大型河流上管道的跨越。按照规划，中缅管道国内段要穿越隧道 64 处，隧道总长达 68 公

里，平均单条隧道超过 1000 米；要跨越大型河流 8 条，其中怒江的跨越长度达 557 米，堪称中国石油管道建设第一跨，施工难度之大前所未有。其次，管道所经滇黔桂 3 省区，沿线断裂带密布，地震活动频繁，而且多为喀斯特地貌，具有"高地震烈度、高地应力、高地热"和"活跃的新构造运动、活跃的地热水环境、活跃的外动力地质条件、活跃的岸坡再造过程"等"三高四活跃"特点，复杂的地质条件为设计和施工带来严峻挑战。其三，是征地协调难。一方面因云贵地区山多水多土地少，农民惜土如金；另一方面因土地补偿方式比较烦琐，征地协调难度大大增加。除了自然因素外，人为因素也给项目建设带来了不小挑战：中缅油气管道缅甸境内近 800 公里的距离需经过克钦独立军占领区、巴郎国家解放阵线、北掸邦军和南掸邦军四个地方势力所控制的区域，而该地区数年的战火已让中缅油气管道屡次停工；2011 年 9 月 30 日，缅甸政府就迫于国内压力，单方面突然宣布搁置中缅两国密松电站合作项目。2012 年 7 月 24 日，缅甸国内政党对中缅油气管道提出第三次议案，而此前，缅甸联邦国会均以涉及国家重大战略为由对提案否决搁置。中缅油气管道还一直受到西方媒体以及反华势力的诋毁。2009 年西方媒体联手"瑞区天然气运动"流亡组织发布"权力走廊"的报告，声称"管道将经过缅甸许多村庄，引发强制拆迁、环境破坏及人权侵犯"。西方媒体也蛊惑称，"缅甸人民面临严重能源短缺，这种大规模能源出口只会加剧社会动荡"，并警告称外国投资者与缅甸做生意面临金融和安全风险的"完美风暴"。而在中国对缅甸的协商过程中，也曾出现过管道建设的分歧。谈判初期，中缅两国的关注点不尽相同。对缅甸而言，主要是希望把近海开采的天然气卖出去，缅甸盛产天然气，但石油产量不高。有资料显示，缅甸天然气储量位居世界第 10 位。但对于中国

而言，除了天然气，中国还希望建设一条石油管道，把从中东进口的原油从缅甸输送到国内，油、气两条管道同时铺设则更为经济。最终，该项目还是采取了中方提出的油气双管道建设方案。

二、中缅油气管道项目分析

一方面，中缅油气管道项目对我国有着重大的战略意义和经济意义。在战略层面，目前我国进口原油的绝大多数是依靠经马六甲海峡的海上运输通道进入境内，中缅油气管道是继中哈石油管道、中亚天然气管道、中俄原油管道之后的第四大能源管道进口通道。中缅原油管道为我国油气进口在西南方向上开辟的重要陆上通道，缓解了中国对马六甲海峡的依赖程度，降低海上进口原油的风险，为我国原油进口增添了一条进口线路，有利于增强我国石油供应安全性。经济层面，中缅管线是通向中国西部的捷径，可以加快西南地区的建设。中缅油气管道建设，不仅将填补云南成品油生产空白，而且也将对云南省化工、轻工、纺织等产业产生巨大拉动作用，石化工业将成为云南省新的重要产业。中缅油气管道经过云南多个州市，对推进云南经济结构调整和增长方式转变、加快经济社会发展、促进边疆少数民族地区经济社会进步具有重要的现实意义和深远的历史意义。长远看，中国还可以沿中缅石油管道修建公路和铁路，并把皎漂开辟为中国西南地区出口南亚、西亚、欧洲和非洲的货物中转站。

另一方面，虽然中缅油气管道已全线贯通并开始输气，但是之后仍有诸多变数。最大的不确定性来自政治方面，2015 年缅甸即将面临大选，目前各政治势力都开始为大选筹划和布局。由于缅甸民众对军政府最不满意的是腐败问题，因此有些势力会借操作不透明、利益分配问题对中国投资进行指责。尽管项目尚未受到来自缅方官方的阻力，但密松水电站和莱

塘铜矿两大项目的前车之鉴，还是令许多人心存忧虑。同时，随着缅甸的转向，这片土地已经成为亚太地缘政治新的角逐场，美国和日本都开始尝试在此深度介入。2012年11月19日，美国总统奥巴马成为50多年来第一位访问缅甸的美国总统。奥巴马表示，希望缅甸现在的改革能够巩固，其中包括政治改革、经济改革和民族和解。日本新首相安倍晋三于2013年5月24日访问了缅甸。这是自1977年以来，日本首相首访缅甸。安倍称，缅甸既能以低廉的价格组装产品，又能为重振日本经济提供新市场。美日的种种做法都表明，他们将加快密切与缅甸的关系，虽然凭借中缅油气管道在内的中缅合作三大"千亿工程"（以缅币计），中国在这场角逐中，似乎已经走在了前面。但是，这种局面在外部压力增加的情况下能否稳固、长久仍然值得思量。在经济方面，中缅油气管道项目计划总投资为25.4亿美元，其中石油管道投资额为15亿美元，天然气管道投资额为10.4亿美元。若加上在缅甸和云南兴建相关设施、维护等费用后，项目总成本或将高达50亿美元。管输成本的多少，和管径、压力以及输送量有直接关系。在前两个要素相同的条件下，管输量越大，每单位石油或天然气的输送成本也就越低。如果最终输送量达到该管道的设计输送量，即每年2200万吨原油和120亿立方米天然气，该项目将实现最大经济性。但若上游资源无法足量与可控，管道便会部分闲置，输送成本将远高于前期按基准收益率核出的管输费，导致项目亏损。而缅甸目前能供给中国的气量规模仅有每年40亿立方米，目前尚无新气田被发现。这意味着中缅油气管道每年120亿立方米的输气量，有2/3必须依靠进口LNG(液化天然气)。在该项目"外购资源（中东、非洲）→过境国（缅甸）→消费国"的模式中，缅甸主要扮演过境国角色，无法保障资源的足量和可控。在气价方面，中石油规

划总院一专家介绍，所有管道项目投资的回收仅有一条途径，就是向下游用户收取管输费。按国家主管部门规定，中石油将在8%的基准收益率基础上核定项目管输费。如果按亚太市场的JCC价格（日本进口原油综合价格）从中东购买LNG，再按国家发改委规定的天然气价在国内销售，巨额亏本就是必然。除了资源来源、价格难题外，中石油还要面对极高的施工难度，以及未来不可预见的诸多维护成本。该管道需翻过海拔近5000米的横断山脉，穿过澜沧江，经过大片原始森林，泥石流、山崩等事故时有发生，恶劣的自然环境将给项目的维护增加巨额维护成本。

三、中缅油气管道项目对中国对缅甸投资的启示

斥资25.4亿美元中缅油气管道项目如今已建成并开始输气，在带来战略和经济价值的同时，未来也存在着诸多不确定性。这宗大型海外投资项目为我国企业在缅甸投资带来了启示。

1、政府方面：首先，中国政府应争取与缅甸政府在政治、经济、法律、税务、商务等方面进行协调，为企业争取缅甸优惠的投资政策和税收政策。通过政府间的协议约定，建立约束缅甸政府履行义务的有效机制。其次，建立风险保障体系，投保海外投资险。海外投资保险是重要的政策性保险产品之一。建立海外投资保证制度可帮助企业规避投资风险，尤其是国家风险。最后，可借鉴日本经验，设立贸易振兴机构，在缅甸各地设置办事处，负责搜集当地第一手的资讯，并近乎无偿地给本国企业使用，使中国企业在信息资源上不落后于竞争对手。

2、企业方面：首先，实施谨慎的项目评估。中缅油气管道缅甸境内近800公里的距离需经过克钦独立军占领区、巴郎国家解放阵线、北掸邦军和南掸邦军四个地方势力所控制的区域，一旦战争爆发极易成为战场。中电投公司在缅

甸克钦邦"第二特区政府"辖区内投资此项超级项目，未考虑"特区政府"和当地群众的根本利益，只考虑丹瑞集团的利益，甚至相信缅军政府有能力用武力实施强拆强迁解决问题，这一决策的谨慎性有待商榷。其次，既要做也要说。中石油对油气管道的宣传工作不到位也是导致缅甸社会对该项目的各种不理解的因素之一。中国人做事比较低调和含蓄，虽然长期以来为缅甸基础设施建设和国内发展做出了很多贡献，但往往是只做不说。西方国家则不同，没做什么可能就宣传先行，反而更受缅甸民众的关注。截至2013年5月10日，中石油及相关公司已累计向缅甸投入了近2000万美元，援建了43所学校、2所幼儿园、3所医院、21所医疗站及马德岛水库和若开邦输电线路。这些不菲投资并未在缅甸收到预期效果，甚至适得其反——中石油在上述公益项目中仅是出资方，具体操作则由缅甸政府来做，导致大量学校、医院被建在了远离项目途经地的其他城市，而若开邦等深受项目影响的地区，却未得到多少实惠。再次，加强和当地非政府组织和老百姓的沟通，做好公关工作，提高缅甸国民对项目公司的认知度。与日本、韩国企业在投资所在地建设医院、道路、学校等公共福利设施不同，中资企业项目之外投资建设的设施，经常是政府办公大楼。而在缅甸，长期接受国外NGO自由民主思想洗礼的缅甸民众，对军政府统治早有不满，取悦政府不等于取悦百姓，民众认为中资企业并没有为自己带来看得见的福利，甚至给民众一种二者狼狈为奸的感觉。中国公司目前只是和缅甸政府亲近，以往主要投资方的中国国有企业和中国政府总以为缅甸军政府是缅甸主权的代表，只要与政府及下属国有公司签订了合作协议，就代表了两个主权国家国有公司合作的法律地位，是谁也不能反对、推翻或阻挠的。但事实上缅甸军政府在其国内为大多数民众和国际上大多数国家看来是不合法的，

因此中国政府与其合作肯定要被地方民族利益者反对。然而，民族矛盾仍然是缅甸联邦的主要矛盾，中国企业单独与缅甸政府在管理争议未获解决的民族地区签订投资项目，就会陷入民族矛盾的冲突中，直至造成财产和人员的重大损失。针对中缅油气管道项目，中石油应该主动与克钦独立军及宗教团体、民间组织沟通联系，听取、解决他们的合理要求，重点做好移民的生活和生产安排，减少对抗和摩擦。最后，积极承担起企业的社会责任。中国在项目上不能再急于求成，要耐心细致地做好各方面的工作，制定好整体发展计划。在关注自己经营业绩的同时重视东道国经济可持续发展，尽力创造给予东道国民众接受技能学习和工作机会，提供资金、帮助兴修基础设施改变原来贫穷生活状态，是一种促进双方长远合作、实现共赢的明智之举。中资企业在缅投资项目多为资金密集型项目，所需劳动力较少，而就这些较少的劳动力，中资企业也多从国内带来，几乎不使用当地劳动力，即不为当地创造就业。而西方发达国家在缅甸实施社会公益事业先行，实现了"五户一口井"，解决了当地人喝水难问题，兴建了医院和学校等公共设施工程，此外日本向缅甸提供人力资源开发奖学金等，树立良好国际形象的行为，值得我们深思和学习。

四、结语与展望

总的来说，虽然缅甸国内基础设施薄弱，国内政治势力间关系复杂、政治矛盾尖锐，政治稳定性不足，受西方国家制裁，金融体系脆弱，但由于拥有丰富的自然和人力资源，国内发展意愿强烈，并且经济社会基本面呈现积极态势，仍然可以作为中国企业走出去的重要战略基地。

在企业向外发展过程中，由于巨大的投资风险仍然存在，企业需要对各类风险进行识别和分析，提出规避措施，正视并积极解决存在的问题，必要时也可选择短期项目以控制风险。⑤

"非洲买矿记"

——天津物产集团入股非洲矿业集团评析

杨秋硕

（对外经济贸易大学国际经济与贸易学院，北京 100029）

一、合作背景

"中国最大铁矿石交易商入股非洲矿业！"2013年9月26日，这一消息占据了各类财经新闻的头版位置，也意味着中国在非洲的矿产开发投资又迈出了重要的一步。

新闻中提到的中国最大铁矿石交易商即为天津物产集团有限公司。该集团是天津市最大的国有生产资料流通企业，注册资本24.6亿元，总资产980亿元，拥有企业266个，从业人员超过6000余人。集团经营领域涵盖大宗商品贸易、现代物流、地产开发、金融服务和中职教育等。其中大宗商品贸易主要包括金属（黑色金属、有色金属）、能源（煤炭、焦炭、燃料油）、矿产（铁矿、有色矿）、化工、汽车机电五大板块，是国家商务部全国重点培育的流通领域20家大企业集团之一。

2012年，集团完成销售收入2073亿元，完成进出口额77.6亿美元，同比增长85.8%，其中完成出口额9.75亿美元，同比增长139%，经营各类物资总量10744.8万吨。2012年1~11月份进出口实物量2252.8万吨，其中黑色金属45.6万吨，矿产品1833.8万吨。在最新公布的"2013年财富世界500强"中，集团排名第343位；在全球12家入榜的贸易类行业企业中排名第9位。

集团矿产品经营包括铁矿石和有色矿产品两大类。集团作为国内大型铁矿石贸易商，与巴西淡水河谷、澳大利亚必和必拓、力拓、

FMG、印度荣塔、艾索、美国嘉吉、香港莱宝、智利圣达菲等知名矿产及贸易商建立了稳固的合作关系。2012年铁矿石销量3602万吨，位列国内同行业第二。

作为国内最大的贸易类企业之一，天津物产集团在进出口贸易方面科学布局网络，在巩固传统市场的同时，加大力度开发新兴市场，在东南亚、南亚、澳洲、美洲等地建立了销售网络，涉及钢材、化工、汽车等诸多领域。同时利用境外资金充裕、融资成本低的优势，搭建融资平台、拓宽融资渠道、扩大融资规模。2011年集团驻外企业境外授信已超过14亿美元。在内外贸相结合的思路指导下，一方面依托在华东、华南、东北等国内广阔的销售网络和直销能力，扩大进口资源销售规模，另一方面利用海外公司网点优势，及时开辟进口渠道，通过建立海外矿产资源基地，逐步实现对资源的掌控权，改变单纯依靠贸易进口的局面。

本次天津物产境外开矿选取的投资模式并非一次性买断矿山进行独资开采，也没有直接全部收购现有开矿企业，而是出资9.9亿美元收购非洲矿业公司African Minerals Limited（LON:AMI）旗下塞拉利昂铁矿的16.5%股权，并购得这家在伦敦另类投资市场(AIM)上市的公司10%的股权。据承购协议，非洲矿业在项目第一期每年向天津物产集团出售400万吨铁矿石，在第二期每年向后者供货1000万吨。

事实上，中国企业非洲买矿早已不是新闻。2003年起中国已经成为全世界最大的铁矿石进口国。2011年铁矿石对外依存度曾高达70%以上，虽然2012年曾下降到60%以下，国内铁矿石的开发取得了一定进展，但是仍旧无法弥补钢铁企业巨大的铁矿石需求缺口。在中国企业巨大进口需求的同时，却是国际铁矿石价格的居高不下，而核心原因是铁矿石市场是高度垄断的卖方市场（巴西淡水河谷公司、澳大利亚必和必拓公司、力拓集团的出口量约占约占全球的2/3），中国作为最大买家在三大巨头的把持下没有议价话语权，铁矿仍是制约国内钢企成本的主要因素。目前铁矿石涨价的预期还在不断抬升。2012年3月19日，澳大利亚参议院通过《矿产资源租赁税法》，允许澳政府对煤炭和铁矿石公司征收30%的"巨额利润税"，而中国将很可能成为这笔"巨额利润税"的实际承担者。与此同时，西部非洲频频曝出探明巨大铁矿的消息，这无疑给"矿石粉碎机"中国提供了巨大的机遇。西方国家普遍缺钱的情况下中国企业凭借雄厚的资金从上游占领非洲铁矿石的出口市场，对于打破三大巨头的垄断，降低我国铁矿石对外依存度意义重大。由此，"非洲买矿记"开始在中国火热上演，一轮非洲淘矿竞赛也在世界范围展开。中铝、五矿、宝钢等大型国企以及四川某民企纷纷加入了非洲买矿的阵营。天津物产集团作为国内最大的铁矿石进口商，也将投资指向了西非矿产资源重地塞拉利昂。

二、合作成功的主要因素

天津物产集团这次选择了与非洲矿业公司合作开发塞拉利昂的唐克里里铁矿，具有多方面的合理性。

首先是目标地塞拉利昂的有利环境及唐克里里丰富的铁矿存量。塞拉利昂是位于西非大西洋沿岸的一个小国，地理位置优越，港口辐射欧美及西部非洲各国，为中塞之间进出口贸易提供交通便利；作为世界上最不发达的国家之一，其三大产业开发潜力大，劳动力成本低廉；长期内战曾使其基础设施损毁严重，国民经济濒临崩溃。但自2002年内乱结束后，科罗马总统执政，国内局势稳定，经济获得恢复发展；从国家吸引外援和外资的政策来看，2004年出台《投资法》及一系列激励措施，以吸引外国企业到本国投资。2007年通过《塞拉利昂投资与出口促进机构法》，建立投资与出口促进局，以促进投资出口等活动。塞作为WTO成员，对外实行自由贸易政策，无配额和许可证限制，出口货物一律免税；同时中塞经贸关系密切，中国是其第二大贸易伙伴，中塞两国政府于2001年5月16日在弗里敦签署《促进和保护投资协定》，中塞贸易自其内战结束以来连续增长。截至2011年末对塞非金融类直接投资额为5223万美元，在塞中资企业20多家，中方员工总数800人左右，涉及农业、矿业、建筑、加工制造、旅游、通讯等诸多领域。良好的双边贸易关系，为本次投资提供了有益的经验和友好的环境；矿业发展方面，新政府重点解决基础设施和电力短缺问题，把矿业作为优先发展的产业之一，2011年矿产品出口总额为2.41亿美元，占出口总额的64.8%。作为矿产资源大国，该国铁矿资源主要分布在中北部和东北部地区，其中北方省的唐克里里地区资源潜力最大，2010年查明资源128亿吨，为全球最大磁铁矿之一，平均品位超过30%。巨大的铁矿资源蕴藏量，为本次投资提供了可观的前景。

其次是合作方非洲矿产集团强大的实力和合作的诚恳。该集团2008年发现了唐克里里磁铁矿矿床，2009年获得勘探权，并且拥有港口和铁路的独家租赁权。此项目目前拥有60年的矿山使用权，被作为3期来开发。预计第一期总产能可达到每年2千万吨铁矿。第二期预期在矿山扩大生产设施，并将规格为64的精品赤铁矿的产量提高每年3千万吨。目前，公司已通过非洲铁路和港口服务有限公司子公司，开发了重要的港口和铁路基础设施来支持项目的运营。近两年，该集团还在伦敦市场两次分别募集1.055亿美元和1.3亿美元，为矿山开采注入资金。更值得关注的是，实力如此雄厚的矿产集团独向中国抛出了投资邀请。董事长Frank Timis先生曾经到访中国十余次，谋求与中国企业共同开发该项目，以打破淡水河谷、必和必拓、力拓三大铁矿石企业的价格垄断，获得铁矿石行业的话语权。非洲矿业集团的橄榄枝为中国企业在该项目上的投资提供了较为可靠的合作伙伴。

再次是"同盟军"先前的宝贵经验和已经取得的成果。事实上，塞拉利昂、非洲矿业对于中国企业并不陌生。2010年1月6日，中国铁路物资总公司出资1.526亿英镑，收购非洲矿业公司12.5%的股权。中铁物资每年将从唐克里里项目中获得1800至2000万吨铁矿石；2010年7月13日，山东钢铁集团有限公司出资15亿美元收购非洲矿业公司旗下唐克里里等3家子公司的25%股权。每年以低于滚动基准价至多15%的价格，购买1000万吨铁矿石。中铁物资和山钢这两大中国企业同盟军已先于天津物产投资该项目，这将为后者提供有利的经验。2012年3月，"楼兰凤凰"号装载17万吨铁矿石运抵唐山港京唐港区矿石码头，这标志着中铁物资入股的唐克里里铁矿正式生产销售，也是第一船运到中国的非洲原生铁矿石。2012年6月29日，山钢也在青岛港前湾矿石码头收到了运自唐克里里的第一船17.0177万吨权益矿。当年投资、当年见矿的唐克里里项目为天津物产的加盟提供了乐观的前景。同时，未来三大国企的共同加盟，将进一步壮大该项目在资金、技术、人才等各方面的实力。

最后是入股投资方式的优越性。海外开矿的投资形式很多，比如独资矿业投资、合资矿业投资、联合矿业投资、收买、租赁、参股、兼并等。以往，中国钢铁企业在海外投资开矿时，

往往走入要求控股的误区，大型企业独资开矿失败的案例多次发生。与独资开矿或者掌握控股权相比，参股开矿更利于分担风险，分享收益，避免法律、劳资、土地、环保等棘手的问题。日本作为铁矿石进口大国，其企业对海外资源的投资往往只占不大的股份，其目的是通过参加董事会了解铁矿石企业的生产经营状况，为价格谈判做准备。因此，本次天津物产集团选择参股形式与非洲矿业合作，是化解风险的明智选择。其中，非洲矿业、塞拉利昂政府以及中国两家大型企业均是股东。与国际大企业的合作利于加快开发步伐，缩短开发周期，而当地政府的参与更为消除与投资环境相关的障碍提供了便利，再加上中国"同盟"的前期参与提供的经验教训，这都为天津物产的入股投资创造了有利的条件。

三、应高度重视的潜在风险

以上的种种合理性并不意味着天津物产集团本次开矿投资能够一帆风顺。事实上，还有很多日渐暴露的问题值得投资方注意。2012年4~5月，国内频频传来山钢非洲项目遇挫的消息。唐克里里的铁矿项目遭遇劳资纠纷及CEO辞职。4月工人为争取"更合理的报酬、改善工作条件和医疗"罢工游行，非洲矿业公司于5月10日公开宣布，将公司当地雇员的最低工资月标准，由此前的30万利昂提高至105.1万利昂（约合240美元），增长250%。而商务部公开资料也显示，目前塞拉利昂经济对外依赖仍然十分严重，人民生活水平改善不大，贫困率和失业率仍居高不下，政府可调用的经济资源十分有限，劳资纠纷时有发生。之后，Alan Watling以"退休"名义辞去唐克里里CEO一职。作为引入中铁物资及山东钢铁投资唐克里里的关键人物，Alan Watling的离开也为中国企业的投资增添了更多不确定性。此外，交通设施尚未全面恢复，供水供电严重不足，机场和港口设备陈旧，基

础设施落后导致投资时间战线长的问题仍旧困扰着唐克里里的铁矿开发。2011 年并未按计划大规模投产，而与山钢交割后不久，非洲矿业公司就宣布将唐克里里 2012 年的产量目标由 150 万吨下调至 100 万吨，使得非洲矿业公司在伦敦的股票应声下跌。由此看来，虽然天津物产与非洲矿业已达成收购协议，但仍不可忽视接下来的尽职调查等一系列工作，而我国有关审批部门也应为这次投资活动尽职尽责地把关。

根据上文提到的潜在风险以及先前其他同类投资案例的经验，笔者认为在双方交易达成后的调查过程及审批通过后的经营时间里，天津物产集团还需注意以下问题：

第一是高度重视尽职调查。研究机构《经济学人》智库曾经指出，尽职调查缓慢是中国企业在海外并购失败的主要因素。进入要约阶段的交易中，约有 13% 最终失败，主要受阻于外国监管机构。而对于许多未能进入要约阶段的企业，尽职调查缓慢和风险评估成为最大的问题。进行海外收购的中国公司中，有 82% 认为他们缺乏处理海外投资的管理专长。而在之前山钢入股唐克里里项目时，尽职调查也极为谨慎。山钢聘请 4 家咨询机构，采用横向比较、纵向分析、局部与全局并重，统筹分析等新的咨询方法进行了全方位的分析。因此，鉴于尽职调查的重要性以及本次投资数额的巨大，尽职调查依然不可轻视。

第二是与投资地塞拉利昂建立和谐的关系。我国企业对投资环境的考察多集中于资源、市场、直接成本、税收优惠制度等，却对投资地区的"软环境"很少顾及，从而造成损失。首先是法律政策方面，要重视中国同塞拉利昂法律政策的差异性，从生产经营到商贸管理，从经济手段到行政手段，从国内事务到对外交往都要广泛了解，并谋求与塞方政府建立良好的关系。由于对法律的不熟悉造成中国开矿企业大量损失的案例并不少见。有的矿山因为违反所在国的某项法规，资产损失大半甚至血本无归；也有的矿山因为某项经营活动与所在国法律相悖，经营效益大大缩水。其次是要重视处理好劳资关系。天津物产集团应该详细了解塞国的劳动法，严格遵守塞关于雇佣、解聘及社会保障等方面的规定。同时要了解工会的发展状况，可以积极加入某些特定的工会机构学习处理问题的方法，并加强与工会组织的沟通，把工会作为重要的谈判对象，努力构建和谐的企业文化。再次是环境保护方面，虽然塞拉利昂基础设施较差，但政府仍然十分重视生态环境保护。矿产开发中要遵守相关的环境保护法，这对于投资项目的持续进行意义重大。最后，还要承担必要的社会责任。企业不仅要关注自身的经营，还要在慈善及援助活动中有所作为，促进欠发达的塞拉利昂的全面发展。这有利于企业树立良好的形象，获得更加稳定的投资环境。例如宝钢维多利亚钢铁公司的建设，为巴西创造了 2000 个直接就业岗位和 4000 个间接就业岗位，促进巴西社会发展的同时也为自身的经营创造了有利环境。此外，还要处理好和当地居民、媒体及执法人员的关系。

第三，要维护在当地工作的我国职工的权益。塞拉利昂是疟疾、肝炎、霍乱等传染病多发地区，因此要特别重视员工的健康医疗问题。同时还要关注生活条件简陋、社会治安差等与员工切身相关的问题。保障中国员工的权益，对于吸引当地缺乏的高素质的中国劳动力及管理者十分必要。

天津物产集团此次投资非洲矿业对于集团自身是一项重要的战略举措，对于改变我国在铁矿石进口市场上的被动局面也有相当大的重要性。然而这笔巨额投资任重道远，除上文提到的因素之外，还会面临汇率风险、资源产品价格波动、政策不稳定、融资困难等一系列挑战，以及其他国家在该项目上的激烈竞争。但至少天津物产集团已经迈出了成功的第一步，笔者相信，中国企业的"非洲买矿记"未来将续写更精彩的章节。⑤

"华坚现象"原因分析

赵 武 汉

（对外经济贸易大学国际经济与贸易学院，北京 100029）

一、引言

华坚集团 1996 年成立于广东省东莞市，是全球规模最大的中高档真皮女鞋制造企业之一，全球排名前 50 位的中高档女鞋品牌中有 30 家是华坚的客户，并形成长期的战略合作关系。

2011 年 8 月，时任埃塞俄比亚总统梅勒斯·泽纳维亲临广东招商引资，希望吸引中国制造业公司在埃塞俄比亚兴建工厂。华坚集团对此表示了浓厚的兴趣，在当年 9 月即派员前往埃塞俄比亚考察，10 月作出在埃塞俄比亚投资建厂的决策，首期计划投资约 600 万美元，并从埃塞俄比亚选派 90 多名工人到东莞学习制鞋技术，同时在埃塞俄比亚招募 600 名雇员。2012 年 1 月 5 日，华坚国际鞋城（埃塞俄比亚）有限责任公司正式投产。

工厂投产后便立刻受到国际主流媒体的好评，《纽约时报》、CNN、《金融时报》、《卫报》等都对其进行了专题报道，对华坚在非投资给予了正面评价，一改过往中国对外投资不被国际主流媒体接受的情况。同时华坚在埃塞俄比亚的生产经营得到了中埃两国政府的全力支持与高度评价，"华坚现象"就此成名。

两年来，中国国家领导人前政协主席贾庆林和现任国务院副总理汪洋先后视察了华坚在埃塞俄比亚的工厂。华坚目前已经成为埃塞俄比亚前十大公司、最大的出口企业，出口额占埃塞俄比亚皮革制品出口总额的 57%。华坚埃塞分公司固定投资规模达 2000 万美元，目前已经为当地解决了 3000 名员工的就业。随着生产规模的扩大，工厂已经开始盈利。

二、华坚现象原因分析

（一）埃塞俄比亚投资环境

1、稳定的政局

埃塞现政府自 1991 年执掌政权以来，埃塞全国的政局一直保持了稳定，更重要的是现政府在非洲国家中腐败指数最低，赢得了多数民众的支持。前任总统梅勒斯·泽纳维对中国一向十分友好，并亲自来中国招商引资。2013 年 10 月 7 日，穆拉图·特肖梅当选为埃塞俄比亚新一任总统，他曾在北外、北大留学，对中国同样有着深厚的感情，对中国在埃塞的企业也十分重视。两年来埃塞俄比亚总统、商务部部长多次前往华坚在埃塞俄比亚的工厂视察。

在出口政策方面，世界多国对埃塞出口产品给予程度不同的优惠，如对华出口商品享受 4700 多个税号的免关税待遇，出口美国和欧盟的产品享受免关税免配额的政策等。华坚因此可以节约许多关税成本。

除此之外，埃塞俄比亚是东部和南部非洲共同市场（COMESA）成员国，COMESA 有 19 个成员国，域内 GDP 超过 3600 亿美元，人口超过 4 亿。2012 年域内贸易额为 188 亿美元，对外贸易额为 2700 亿美元，市场的消费能力同样不容小觑。

2、快速增长的经济

埃塞俄比亚是经济增长最快的非洲内陆国家，过去十年埃塞经济年均增长达 10.9%。2011 年，GDP 增长 8.5%，而人均 GDP 只有 354 美元，货物出口仅 30 亿美元，其中咖啡占到将近 1/3。对于有 9000 万人口的埃塞俄比亚来说经济和出口都还有很大潜力。除此之外，作为非洲牲畜数量最多的国家，适宜的气候环境，令埃塞俄比亚出产世界上质量最佳的皮革。为制鞋业提供了优质的原材料，并且价格低廉。

埃塞俄比亚政府从 20 世纪 90 年代起实行对外开放政策，积极推行经济市场化和私有化改革。通过增加投资优惠政策、降低投资门槛、扩大投资领域、实行减免税优惠等措施和为外国投资者提供保护和服务等方式，鼓励能出口创汇、安置就业的外资企业投资。华坚就是其中的代表。

3、具有竞争力的劳动力成本

埃塞俄比亚劳动力资源丰富。9000 多万人口，是东非人口最多的国家，当前正处于人口红利时期，成人劳动力资源约占人口总数的 40%。政府重视全民教育和职业教育，劳动力素质较好。政府公布的失业率超过 20%，潜在劳动力资源丰富，普通工人薪金和劳保的总和只相当于中国同等雇工的 1/6 左右，人均月工资仅 50 美元左右，使产品的人工成本大幅减少。

4、急需就业岗位的创造

埃塞俄比亚虽然拥有人口红利，但制造业技术水平并不高。由于华坚的投资，带动了当地制鞋业的生产效率，目前华坚在埃塞俄比亚工厂的生产效率可以达到中国国内生产效率的 80%。同时由于制鞋业属于劳动密集型产业，对解决当地就业有十分重大的帮助。

（二）两国政府的支持

1、中非发展基金

中非发展基金首期 10 亿美元资金由国家开发银行出资。去年 7 月人民日报披露的数据显示，"中非发展基金已先后赴非洲 40 多个国家开展工作，成为中国企业对非投资的主力平台"，重点投资了农业、制造业、电力、港口、建材、经贸园区、资源开发等领域，累计安排 30 个非洲国家的 60 个项目，计划投资额超 20 亿美元，实际投资近 16 亿美元。中非发展基金前期有 10 亿美元的投资资金，最后是 50 亿美元。

2012 年 1 月 28 日，由埃塞俄比亚联邦民主共和国工业部、华坚国际股份有限公司和中非发展基金三方签署《设立华坚－埃塞轻工制造基地项目的合作备忘录》，各方希望华坚－埃塞轻工制造基地将成为埃塞的轻工制造园区的典范，基地将容纳制鞋、皮革加工、鞋材生产、物流、酒店、宿舍、公寓、商店和其他生产和生活设施。该项目预计总投资大约为 20 至 25 亿美元，有望为当地创造 10 万个就业机会。

2、埃塞俄比亚优惠政策

埃塞俄比亚优类政策如表 1 所示。

3、东方工业园

华坚国际鞋城（埃塞俄比亚）有限责任公司目前坐落于距离首都亚的斯亚贝巴约 30 公里的东方工业园，东方工业园是 2007 年 11 月得到我国商务部批准的境外合作区。该园于 2007 年 6 月被埃塞俄比亚政府作为国家"持续性发展及脱贫计划(SDPRP)"的一部分，列为工业发展计划中重要的优先项目，并将把东方工业园内的企业作为今后政府采购的合作单位。

埃塞政府向工业园内派驻海关、商检、税务、治安等职能部门的直属办事机构，同时在园内开展保税仓储业务，满足入园企业生产物资的进出口业务需求，为入园企业的生产经营提供最大化"一站式"便捷服务。

（三）华坚的自身发展

华坚曾在 2004 年在越南北部海防市投资建厂，希望借助东南亚廉价的劳动力进行产业转移。虽然当地劳动力成本比在东莞低 3/5，但因为越南一带的制鞋配套远不如东莞，生产

埃塞俄比亚优惠政策　　　　　　　　　　　　　　　　　表1

投资优惠	一般企业免除4年企业所得税，产品出口占50%以上的企业免除7年企业所得税
	外国投资者通过销售或者通过清算进行资产股份转让或者企业清算所获得的收益如果汇回本国，将免除任何税收
	在免税期亏损的商业企业可在免税期满之后将亏损再递延一半免税期的时间
进口优惠	所有的投资资本货物，如厂房和机械、设备等，均100%免除进口海关税和其他涉及进口的税收
	进口价值投资货物15%的设备零配件、非当地生产而且当地无法以同等数量、质量和价格得到的产品，均将享受相同免税待遇
	生产出口产品所需的原材料将免除海关税或其他涉及进口的税收
出口优惠	在埃塞俄比亚生产的预定供出口的产品和服务项目均免除支付出口税和其他涉及出口的税收
	出口美国和欧盟免除进口关税并无配额限制
	通过东南非共同市场（COMESA）进入总人口4亿的19个成员国市场

效率比较低、技术工人素质不如东莞工人。随着越来越多的制造业向东南亚转移，而东南亚本身人口较少，东南亚的工资已经上升到每月250~300美元，最终由于通货膨胀、频繁罢工等因素，华坚关闭了这家工厂。之后华坚也考察过柬埔寨，因为相同的原因放弃了投资计划。

后来，华坚及时调整了产业布局：将国内OEM转移至赣州世界鞋业生产基地，同时在海外发展埃塞俄比亚的生产基地，兼顾国内与国际两个市场；将东莞打造成集高端精益生产、接单、研发、采购等为一体的华坚世界鞋业总部基地，做好ODM，发展服务业及全球鞋业贸易；OBM着力打造自主品牌。以赣州生产基地以及东莞世界鞋业总部基地为基础，建立自主品牌孵化中心，拓展内需市场。

同时华坚在东莞、赣州、埃塞俄比亚产业基地之间，联合清华大学投资研发了制鞋业的SAP系统，完成了从订单到生产销售的统筹管理，极大地提高了内部沟通的效率，正是内部的整合管理成为了华坚能在埃塞俄比亚成功的保障，使埃塞俄比亚的工厂融合到整个产业链之中，而不是孤悬海外。

三、华坚面临的困难

（一）物流方面

物流是华坚在埃塞俄比亚遇到的最大的问题，埃塞俄比亚作为内陆国家，除少量空运货物外，几乎所有国际货运都要通过邻国吉布提港进出口。由于当地不允许外资投资物流运输业，本国运输商没有竞争，导致运输效率很低。从吉布提码头到埃塞俄比亚华坚工厂800公里，但公路双向一共只有两条车道，而道路使用频率很高，道路的路况也就越来越差。造成运输时间较长且成本较高，这段运输成本占全部货运成本的近六成，并存在二次清关现象。基于以上原因，华坚在国内的物流成本一般控制在2%，从接到订单到把货物发到美国最多只要60天，而在埃塞俄比亚则物流成本提高到8%，仅原材料进口就要30天，从订单到发货最快只能做到80~90天。

（二）政府部门效率

虽然埃塞俄比亚政府鼓励外资投资，但在相关服务部门的政策制定与实际执行过程中，工作效率十分低下，且与中国同样需要复杂的手续。税制、资本管制改革缓慢，海关等部门在相关产业没有经验，通关时间长。这也导致了实际运营中的低效，这是埃塞俄比亚和华坚正在共同努力解决的问题。

（三）通货膨胀

通货膨胀也是埃塞俄比亚的不稳定因素之一，过去两年，埃塞俄比亚的通货膨胀率达20%以上，物价飞速上涨，虽然今年通货膨胀率已经下降，但物价仍非常不稳定，增加企业成本。

（四）基础设施

埃塞俄比亚的投资环境特别是基础设施还不够完善，当地产业间联系并不紧密，商业环境和商业氛围也不是很浓厚。因此亟待在当地建设一条完善的产业链，这既需要投入巨资，也需要很长时间才能实现。

（五）管理与原料成本

尽管埃塞俄比亚有着优质廉价的皮革原料，但其他原料配件仍需要进口，再加上管理人员来自中方，造成物流和管理成本很高，缩小了利润空间。

四、"华坚模式"能否复制

华坚模式取得的成功有目共睹，近两年也有许多制造业企业模仿华坚前往非洲投资建厂，华坚也希望能有更多的制造业企业在非洲投资来形成产业集聚效应，但这些投资多数以失败撤资告终，让人对华坚模式能否复制存在疑问。

首先，分析制造业在国内面临的压力，大致可分为以下六点：人民币升值压力、原材料价格上涨的压力、能源价格上涨压力、贸易保护持续上升压力、融资成本增加的压力、劳动力用工成本上升压力，并且未来10年间，国内劳动力成本将会翻一番。

然而在非洲埃塞俄比亚，虽然埃塞俄比亚比尔存在着很高的通货膨胀，但比尔对美元也在不断贬值，皮革等原材料价格相对平稳，生产要素价格比国内低，各国对埃塞都有不同程度的进口政策优惠。由于有中非发展基金的支持，融资也并不困难，同时由于非洲庞大的人口数量以及高失业率，大规模的产业转移也不会导致大幅提升当地工资水平。

除此之外，根据商务部国家统计局、国家外汇管理局2012年发布的《2011年中国对外投资统计公报》，2003年~2012年间，中国对非洲投资存量从不到5亿美元增长到191亿美元，年均增速50%；而流量则是从2003年~2006年

的年均3亿美元增长到2007年~2012年的年均27亿美元。

笔者认为，其他制造业企业能否复制华坚模式，关键在于以下三点：

（一）做好成本控制

华坚现在国内的成本分布为：材料成本约占50%，人工成本占22%~25%，管理费用20%左右，利润率一般保持在5%到10%之间。而在埃塞，材料成本中皮革原料价格比国内低，但其他原料目前尚需进口，成本相对较高；人工成本中埃塞工人工资是中国工人的1/6左右，但管理人员由于派驻海外，成本较高；管理成本中运输成本在国内大约占总成本的2%，而在埃塞则要占到8%，但由于埃塞国内的投资优惠以及向欧美出口免关税免配额，也可在一定程度上节约成本。所以做好成本上的平衡对于在非洲投资至关重要，这也是华坚选派精算师出身的海宇女士负责埃塞俄比亚工厂管理的原因。

华坚在埃塞俄比亚做好成本控制的同时，也与国内的生产基地做了很好的内部整合，形成了完整的产业链，也对在埃塞俄比亚的工厂起到了很好的支持作用。

（二）争取政府政策支持

华坚项目是埃塞俄比亚总统亲自来中国招商引进的项目，埃方自然十分重视，提供许多政策优惠的同时政府也十分配合，但对于埃塞俄比亚而言，投资是否能促进当地发展，有利于生产力和劳动力素质的提高，解决就业，出口创汇这些才是更重要的。所以投资的思路不能是掠夺自然与劳动力资源的投资，而是找到双赢的模式，这样才能真正获得当地政府的政策支持，也是华坚能够被世界主流媒体高度评价的主要原因。

（三）文化融合问题

华坚在海外投资初期也遇到许多文化冲突的问题，本着相互理解的态度都得到了很好的解决，但很多企业在海外投资中并不愿意主动

融合当地文化，沿用自己习惯的国内方式去进行生产活动，造成了许多文化冲突，并给当地留下了不好的印象，这也是许多企业海外投资失败的原因之一。

五、结语

2012年，埃塞俄比亚政府新批准了3平方公里土地建设轻工业制造发展特区，华坚的目标是在未来5年内吸引更多的中国鞋业去特区投资建厂，通过规模效应完善产业链，降低成本，在未来10年投资20亿美元，打造成一个解决10万埃塞人就业，年出口创汇40亿美元，高度文明、和谐安居20万居民的文明社区，并在15年后做到完全由埃塞俄比亚人管理。

笔者看来，华坚能否完成这样的目标，关键在于在极速扩张中能否真正做到让国内站在微笑曲线两端，将加工部分转移到非洲去，同时能否真正改善当地人民的生活条件，保持现在的双赢局面。

同时埃塞俄比亚的基础设施建设能否真正提升，政策是否继续予以配合也是华坚现象能否持续下去的重要原因，运输和政府工作效率能否改善，当地能否形成以制鞋业为核心的各方面配套服务都很关键。有一个好消息，中国国援建的埃塞－吉布提港铁路和高速公路预计在2016年左右完成。若该条铁路能如期建成，对华坚在埃塞俄比亚的持续发展将带来极大保证。

华坚的成功是多方努力的共同结果，为中国在非投资起到了示范性的作用，但究其原因还是需要加强对非洲政治、经济、文化的了解。在双方政府的支持下，投资企业必须做好充分的准备，做好成本控制及尊重当地文化才能在异国立足、发展。相信当前国内劳动密集型企业面临着越来越高的人工成本压力的情况下，非洲最终会是中国产业转移的新方向和突破口，这也会给非洲带来新的发展机遇，最终达到合作双赢、共同发展的目标。⑤

"工程与法"系列丛书

《项目经理的法律课堂——工程项目法律风险防控操作指引》

·汇集十数年建设工程专业律师执业经验，

·总结无数施工企业经验传承、血泪教训，

·将生动的案例、丰富的实战经验，以浅显易懂的口语文字写入本书，

·快速提升项目经理法律风险意识及实战操作技能。

本书作为"工程与法"系列丛书中的一本，是目前市场鲜有的工程项目管理人员实用法律手册。本书注重理论与实践相结合，作者总结了从业十年来的诉讼与非诉讼经验，并提供了部分实例文书，整理汇编成本书。全书从工程项目经理的视角出发，分三个方面（项目行政管理、项目工程管理、项目账务管理）

对工程建设项目施工过程中项目经理容易忽视的法律风险结合实际典型案例进行了深入浅出的讲解，并从法律的角度给出了切实可行的规避方法。内容涵盖施工管理过程中容易发生法律纠纷的热点问题，如：劳动用工、安全生产、工期纠纷、工程质量、材料采购和分包管理、签证索赔、工程款回收等。并在每章节后附有相关常用的法律规范文本，方便读者对照使用。本书后附最新的建筑工程必读法律法规条款，便于读者查阅。

与同类型书比较，本书有以下三个特点：

1、本书不研究学术理论问题，只站在施工单位的角度，提示风险点，并直接指导项目管理人员实际操作，每章后面还附有"项目经理立即做"栏目。

2、本书尽量使用口语语言，且使用了一些图表格式，如每章后面的"知识表"，便于项目管理人员阅读和掌握。

3、本书提供了一些项目常用的法律文书，附在每章后面，方便项目管理人员直接参照使用。

本书是施工单位项目经理的案头常用工具书，对于工程管理从业人员以及建设工程与房地产法律从业人员会有所帮助和启发，对工程管理和工程法律专业师生具有参考价值。

浅析建筑工程项目的风险管理

潘启平

（中建新疆建工集团四建，乌鲁木齐 830002）

摘　要：企业经营管理和风险防范是"一个硬币的两个侧面，"企业的战略决策就是风险决策，企业的经营管理就是在管理风险，如不能有效地防范各类风险，会不同程度地影响企业的有序发展，甚至酿成严重后果，所以说风险管理是企业实现科学、快速发展的重要环节。本文着重分析了建筑工程项目管理中存在的风险管理，从风险特点、风险辨识、风险防范等几方面进行了阐述，以期通过项目风险管理来保证项目的顺利实施，提高项目的盈利空间。

关键词：工程项目；风险管理

随着市场经济的逐步成熟，企业需要面对的内外部不确定性因素日益增多，就需要进一步提高管理的精细化程度，并建立一套完善的管理机制，用以分析、预测和应对这些直接或间接影响企业发展的风险。由于建筑工程项目的各个参与方需要协同参与项目风险的防范与管理，而且现代大型工程项目往往投资很高，施工环境复杂，进行过程中不确定因素很多，决定了工程项目风险管理是各类风险中的重中之重。通过分析和研究建筑工程施工风险，加强对建筑工程的风险管理，有效地规避风险、降低风险、转移风险，从而达到降低成本、增强效益的目的。

一、建筑工程项目风险及其特点

建筑工程项目风险是指建筑工程项目在设计、施工与竣工验收等各个阶段可能遭受到的风险，是所有影响工程项目实现的不确定因素的集合。建筑工程项目风险具有如下一些特点：

1. 风险的客观性和普遍性

作为损失发生的不确定性，风险是不以人的意志为转移并超越人们主观意识的客观存在，而且在项目的整个寿命周期内，风险是无处不在、无时不有的。风险不能从根本上完全消除，只能降低风险发生的频率，减少风险造成的损失。

2. 风险的偶然性和必然性

项目管理过程中，任何一种具体风险的发生都是诸多风险因素和其他因素共同作用的结果，其发生和相应的后果都具有不确定性，是一种随机现象。但根据大量风险事故资料的观察和分析，可以发现其呈现出明显的运动规律，因此可以利用现代风险分析方法，对风险进行预测和评估，提前预防和控制风险，并制定相应的对策，减少风险造成的损失。

3. 风险的相对性

风险的相对性主要表现在两方面：一方面是风险的主体是相对的，同样的风险对不同的主体具有不同的影响；另一方面则是风险的大小是相对的：由于受到收益、投入、拥有的资源等因素的影响，不同主体对项目风险的承受能力是不同的。

4. 风险的可变性

当引起风险的因素发生变化时，必然会导致风险的变化，可变性发生在实施的整个过程中。随着项目的进行，有些风险将得到控制，有些风险会发生并得到处理，同时在项目的每一个阶段都有可能产生新的风险。

5. 风险的复杂性和多层次性

建设工程项目周期长、规模大、风险因素数量多且相互间关系非常复杂，各风险因素之间的相对影响并与外界交叉影响，使风险具有多层次性。

6. 风险的全局性

项目风险的影响通常不是局部的、暂时的，而是全局性的。即使是局部的相对独立的风险，随着时间的推移和项目进程的发展，影响也会积少成多，成扩大的趋势。

二、 建筑工程项目风险的分类

为了全面充分认识项目风险，并有针对性地对其进行管理，可根据企业自身的特点，从风险管理需要出发，对建筑工程项目中的风险进行辨识和分类。其中分为：

1. 投标报价风险

投标过程中，对标书明确事项的准确理解和技术处理，是投标环节中解决中标和干得好又干得了的关键所在。在投标中由于预算人员的业务素质和责任心出现问题，导致标书中约定事项出现缺项、漏项和报价不准确等致命短板，以及合同条款中表述文字不严谨，遗漏和表达有误，都会给企业经营和营销产生伤害，为企业的三次营销策划埋下隐患，给后续的变更调增带来不利影响。

2. 工程分包风险

工程分包所带来的风险是在经营活动中，由于管控措施不到位，管理者责任心不强，制

度缺失或有章不循等因素，导致供应商管理、质量管理、安全生产管理、进度管理出现各种问题，直接影响企业品牌形象和声誉，给项目甚至企业经营带来巨大的潜在风险。

3. 项目经理任用风险

项目是效益的源泉，项目经理就是源泉的守护者和捍卫者。项目经理任用风险是指由于项目经理缺乏基本的经营管理素质，导致施工项目亏损的风险；或频繁更换项目经理，造成施工质量、安全、成本无法控制的风险。项目经营中出现的种种问题，与项目经理的管理经验、管理手段、敬业精神以及廉洁自律直接相连。企业要把消灭项目亏损作为底线管理，项目收益大小，与项目经理的任用和激励与约束机制的建立有很大关系。

4. 应收款项风险

应收款项的不断增加，极大的影响资金流转，为项目的经营发展带来多种风险，其中：一是对项目甚至企业资金流造成不利影响，导致在发展遭遇瓶颈；二是债权资产不能及时变现，造成债务压力增加，带来诉讼法律风险，可能增加项目经营的财务成本、管理成本以及资金机会成本；三是可能形成坏账损失，造成国有资产流失；四是引起企业带息负债上升，资产负债率增加，由于应收款项长期滞留，造成变现难度增加，带来催收清欠成本上升。

5. 劳务管理风险

劳务管理若出现管控不到位，或选择劳务队伍不慎重，容易耽误工程施工进度甚至引发合同法律纠纷，造成用工风险；容易引发群体性事件，加大内部管理难度，给企业带来负面影响。

6. 成本控制风险

项目是企业的成本中心，只有搞好每个项目的成本管理，才能给企业带来经济效益，面对成本风险的管理，只有采取措施积极面对，才能避害趋利，发展自己。项目成本控制风险

存在于以下几方面：①施工措施方案陈旧，目标优化错误或未进行优化优选，对施工方案套用一贯版本；②材料管理不严，浪费、丢失现象严重；③对项目风险管理的认识不足，项目管理层成本意识薄弱，责任心不强；基础资料滞后不全面，经济签证不落实，造成发生成本无处追溯；建筑材料涨价，将会增加成本支出；劳务成本与费用定额存在很大落差影响成本控制效果；合同管理不力，引起索赔风险。

7. 工程结算风险

工程结算作为建设工程的一个重要环节，其进展情况以及审定的最终结果，将直接涉及施工单位大量结算款项的回收和项目盈利。其风险点为：第一，双方虽约定结算标准和依据，但在实际结算中发包方故意拖延，不予结算，拖欠工程价款；第二，双方在合同中没有关于结算方法的详细约定，事后又不能达成补充协议，导致结算无法完成；第三，工程结算的工程量与中标时有出入，以及材料价格大幅上涨和施工过程设计变更手续不全；第四，各类情况的违约风险。

8. 合同管理风险

合同作为投标过程的约定事项，直接影响着企业施工管理过程中成本的控制，以及盈利点的把握，也是与甲方友好协商，规避法律风险和责任风险的有力武器。在投标阶段，对工程合同质量、利润率识别不清，造成合同效益低下；在签订阶段，对合同文本有无歧义、合法合规性审核判定不准确，导致法律诉讼风险；在履约阶段，按约履行把控不严，致使工程利润率较低；在结算阶段，对合同效益、债权债务清理、保证责任落实不到位，对企业造成不利社会影响。

三、建筑工程项目风险防范措施

1. 强化投标前的商务策划工作

工程项目投标前的商务策划对项目的投标甚至整个施工期都有着决定性的影响，一份完整的商务策划书能降低施工企业承接工程的风险性，所以项目管理者，特别是企业的决策者对这个阶段的工作应引起高度的重视。工程项目投标前的商务策划是一项全面系统的工程，策划内容包括：对业主和主要竞争对手的调查；报价前要了解项目自然条件、标书的相关规定、施工现场的环境等；认真研究招标文件的每部分内容，避免因盲目估价造成不必要的损失；制定切实合理的施工规划，可以降低投标价格、提高中标概率。通过投标前的商务策划，对工程进行全面的分析，切实分解出工程包含的各个风险点，达到事前控制的目的，从而做好风险防范的第一步。

2. 强化对项目经理任用的评估工作

项目经理作为工程项目的第一责任人，对项目的管理起着至关重要的作用。项目经理在管理过程中如出现问题，将对项目的管理造成不可估量的损失，因此对项目经理的任用一定要建立相应的评估体系从源头把关。首先应要求其具有良好的职业道德，相对突出的管理知识和职业技能，同时还要具有较好的沟通表达能力，以及较强的分析问题解决问题的能力。对项目经理的管控，采取事前选拔任用进行内部公开竞聘；事中加强过程管控，对存在问题的项目经理及时进行调整；事后严格考核奖罚兑现，不合格项目经理今后坚决不再使用的方式。

3. 强化项目过程管控降低成本

加强项目过程管控，有效避免项目管理"秋后算账"的风险。从工程中标开始，实施目标责任成本预测；明确成本管理目标，找出项目赢利点、亏损点和风险点，制定相对应的措施和办法，合理界定项目的上交系数；项目运营过程中，实施资金计划审批、材料价格审批、劳务价格审批，并形成月度报告及时发现问题、提出整改措施和意见，为项目整体运营获得良好的经营结果奠定基础。

4.强化合同管理、风险及索赔意识

首先，要加强合同的风险管理。合同管理是满足施工企业管理的重要内容，也是降低工程成本，提高经济效益的有效途径。合理确定和有效控制工程造价，对确保建设项目的经济效益和社会效益起到非常重要的作用；其次，通过工程索赔将风险转化为利润。没有索赔就不能体现合同的公正性，工程索赔贯穿项目实施的全过程，重点在施工阶段，涉及范围相当广泛。利用合同条款和推断条款成功进行索赔不仅是减少工程风险的基本手段，也反映了项目合同的管理水平。第三，利用合同形式进行风险控制。根据工程项目的特点和实际，适当选择计价式合同形式，降低工程的合同风险。对施工企业而言，不善于工期索赔必然导致工期延误的风险；不善于费用索赔必然导致巨大的经济损失，甚至亏损。

5.强化清收清欠目标责任制

建筑施工企业应收款项的不断增大，在造成企业资金风险的同时会影响企业正常经营。因此，要充分认识到其风险性、重要性和紧迫性，将清收清欠工作应作为企业一项大事来抓。首先落实责任，督促清收工程款。针对各个债权构成的不同，应制定不同的清欠计划和采取不同的措施。既要明确债权责任人，又要明确清欠负责人，建立清欠责任制和领导分工负责制。第二制定激励措施，号召全员清欠。根据应收账款的账龄、金额的大小、清收的难易、债务方路途的近远、收回资金的多少等因素给予不同比例的提成和奖励。第三领导挂帅，亲自攻坚清欠难关。对一些重点、难点的工程项目所欠款，企业应由领导干部挂帅，组织得力清欠人员进行重点攻坚。通过清收欠款体系的形成、制度的建立、措施的到位，达到降低清欠的目的，提高企业运营质量。

6.强化工程结算工作

在工程施工之前，要重视对业主资信情况考察的同时，还要尽量将工程相关的内容详尽的在合同中表述，避免因不明确或有歧义而给结算争议埋下隐患；结算文件主要包括施工合同、施工组织设计方案、施工图纸及会审纪录、施工纪录、设计变更资料、工程索赔签认纪录、竣工验收记录等。在施工过程中，要确保施工资料的完整性，加强结算资料的全面性及编制结算报告的及时性；在工程结束后，要有专人负责与业主进行及时沟通、跟进、协调，确保资金的回收。并也可根据风险大小酌情尽早通过诉讼或仲裁的方式，申请法院指定审价机构进行工程造价的审核，有效解决拖欠工程款的问题。

为确保结算工作的顺利进行，要建立完善的目标责任制，明确工程结算全过程所涉及各个岗位的职能及奖罚措施。要求各岗位相互配合、密切协作，从而全力推进工程结算工作。

7.强化分包及劳务管理工作

严格劳务分包队伍准入目标，做好劳务分包队伍的考察工作；要严格按照企业年度劳务分包队伍名录范围选择使用劳务队伍。通过严把准入关，保证劳务分包队伍的质量；在劳务分包队伍无法履行合同规定要求，且发生重大不良行为的、被各级政府、建设行政主管部门明令清出的、给企业造成严重经济和信誉损失的，应将其列入企业黑名单，在企业今后的所有工程中严禁使用。

四、实施风险管理的保障举措

1.加强风险管理培训，提高企业员工风险防范意识

企业应聘请风险管理方面的专家，对企业各类管理人员、风险业务人员、兼职人员，进行系统的培训，加深对风险管理工作的认识，提升风险管理业务人员水平。在风险管理逐步实施的过程中，认真组织落实各项重大风险管控措施，建立健全全面风险管理（下转第99页）

特斯拉与我国的新能源汽车

杨力元 吴 敬

（对外经济贸易大学，北京 100029）

特斯拉（Tesla Motors, Inc.）汽车公司，是一家生产和销售电动汽车以及零件的公司，成立于2003年，总部设在美国加州的硅谷地带。特斯拉汽车公司是世界上第一个采用锂离子电池的电动车公司。

特斯拉自从2013年5月8日发布第一季度财报实现季度盈利之后，其股价从60美元下方一路上涨，到2013年11月27日的120.5美元，在半年不到的时间里，特斯拉的股票价格翻倍。从被传统汽车制造商不屑到如今的成长奇迹，特斯拉的成长令人瞩目。

一、特斯拉汽车的异军突起

（一）特斯拉拥有充足的高端消费者群体

特斯拉汽车最初的定位为高端的新能源跑车，其性能不比常规动力跑车逊色，同时，由于其采用电池动力，吸引了很多环保者的关注。当年，尼古拉·特斯拉正是在停有混合动力车的车道上看到了价值不菲的豪车，而有了生产高端电动跑车的想法。由于环境状况恶化，越来越多的人意识到传统汽车带来的环境污染问题，越来越多的人关注环保问题并且乐于环保事业，在这些人中更是不乏富豪、明星。他们在相似性能条件下，并不会在意为了环保而多支出一些费用来购买相对较贵的特斯拉汽车。目前特斯拉还处于起步阶段，生产成本较高导致了汽车定价较高，但是在有了较有消费能力的消费群体作保障之后，特斯拉便可以放心大胆地进行研发和扩大生产了。

（二）特斯拉的成本有很大的下降空间

目前，特斯拉的生产已经达到2万辆/年的满负荷状态。根据汽车制造业的经验来看，如果产量达到一定的规模，那么经营规模每扩大一倍，平均成本便可以下降15%左右。所以当特斯拉的年产量可以达到16万辆时，其成本可以下降28%左右。

另一方面，特斯拉为了实现电池的高续航目标，目前采用的是松下的圆柱电池。由于该电池管理系统较为复杂，故而成本较高，占到特斯拉成本的50%左右。根据松下的成本规划，到2015年该电池成本目标为3万日元/千瓦时。如能实现，那么Model S高配版的电池成本将从现在的4.3万美元/车下降至2.93万美元/车。同时，韩国LG化工和三星SDI也争相为特斯拉提供锂电池，在锂电池供货商的竞争下，特斯拉有希望获得更低价的电池，从而大幅度降低生产成本，最终可以帮助特斯拉降低价格，以迎合更广大的消费群体。

（三）特斯拉拥有成功的用户体验

目前，特斯拉汽车以其独特的造型、高效的加速、良好的操控性能与先进的技术赢得了很多消费者的追捧。据调查，特斯拉在用户体验方面做得十分成功，许多人购买特斯拉，不仅仅把它作为新能源汽车，更是为了享受特斯拉带来的高科技体验。拥有云端数据库以及远程操控系统支持的特斯拉让驾驶员感受到了完全不同的驾车体验。北京时间 2013 年 11 月 21 日，美国权威杂志《消费者报告》发布年度用户满意度调查报告，特斯拉汽车公司的 Model S 电动汽车在调查中赢得了近乎完美的得分。《消费者报告》表示："此次满意度调查中，Model S 的车主们在满分 100 分的情况下给特斯拉打出了 99 分。"可以说在用户体验方面，特斯拉正在向汽车中的"苹果"发展。

（四）特斯拉的充电技术领先

特斯拉 Model S 纯电动汽车的目标是 5 分钟超快速充电。不过电动汽车有个致命伤，就是充电站太少、费时间。对于之前的电动车来说，充满电将花上一整晚的时间，但是特斯拉技术将充电时间大大缩短，从而在很大程度上弥补了电动车与普通轿车相比的致命短板。特斯拉首席技术官 JB Straubel 表示，该公司正在试图将汽车的充电时间缩减到前所未有的"5 到 10 分钟"。目前，特斯拉的超级充电站只能在 30 分钟内为 Model S 电动车充到一半的电量，然而该公司认为还是太长了。基本上，特斯拉希望充电耗时不会长于加满一辆汽油车的时间。

从以上四方面可以看出，特斯拉的前景十分光明，人们有理由相信不仅是特斯拉，其他新能源汽车只要解决了技术方面的问题，均可以继续获得巨大的发展空间，并且将会给汽车行业以及传统能源行业都带来极大的冲击。

二、新能源汽车产业在中国发展的机遇和挑战

随着我国经济的持续快速发展，汽车保有量大幅增长，对能源的需求也越来很大。2013 年 9 月，我国已经超越美国成为世界第一消费和进口石油大国。当前中国用于汽车燃料的石油消耗量占全国总石油消耗总量的 65%。新能源汽车的引进，既可以使我们减少对石油的依赖，保证国家能源的安全，又可以减少温室气体排放和环境的污染。因此，新能源汽车产业也我国政府大力鼓励的新经济增长点。

（一）机遇

1、政府的支持

国务院在其颁发《节能与新能源汽车产业规划》中明确提出，要"研究实行新能源汽车停车费减免、充电费优惠等扶持政策。有关地方实施限号行驶、牌照额度拍卖、购车配额指标等措施时，应对新能源汽车区别对待"。广州等地政府均推出了新能源车不限购的鼓励政策。在汽车摇号中签最难的北京，新能源汽车可以单独申请，获得牌照的几率比传统能源汽车大得多。由于汽车限购政策的实施，能够享受限购政策"绿灯"的新能源汽车，可能会成为部分家庭的第二辆车或是第一辆车。因此，新能源汽车的潜在市场份额可望快速扩大。

2、潜在消费群体巨大

中国作为世界人口最多的国家，近些年来经济持续增长，人民生活水平不断提高，富裕人群更在迅速增加。同时，由于环境问题的突出，越来越多的人开始关注环保、关注新能源汽车。因此，随着新能源汽车技术的不断完善，中国将是新能源汽车厂商不可忽视的巨大市场。

（二）挑战

1、国内消费者消费观的转变

国内消费者大部分是购买家庭第一辆车，其目标要求比较高，也相对盲目的追求大而全，同时存在"趋同"消费观念。新能源作为新生事物，国内消费车接受程度还不高，市场打开相对缓慢。同时，中国私家车消费者对成本非常敏感，而纯电动汽车要到 2020 年以后才能与内燃机汽车成本相当，同时目前基础设施不一、发展较慢，也很难支持纯电动汽车的普及。

2、零排放不等于零污染

新能源汽车的低碳概念是相对于传统燃油车、高耗能车而言的。新能源汽车多以电能或

氢能驱动，所以汽车只是在使用环节能够实现部分或完全零排放，不是完整意义的零排放。除了使用风能、太阳能等清洁能源，以及通过核能发电驱动的电动汽车可以称为零排放。根据特斯拉自己的计算，如果在西佛吉尼亚州开 S 型汽车，由于当地 96% 的能源来自煤炭，按一般标准每天开 40 英里计算，排放的 CO_2 达 27 磅，相当于本田雅阁的排放量。如果在美国加州行驶，当地 50% 以上的电能来自于天然气，每英里的排放量就要小很多。

然而，我国目前大部分用电还是以高污染、高能耗、低转换率的火力发电为主。如果发展电动汽车，从能源源头来看，有较大比例来源于火电。这意味着二氧化碳排放转移到了发电厂或其他地方。至于替代能源的产生过程是否低碳，是整个循环经济应该解决的问题，而不是新能源汽车的问题。

3、国内新能源汽车技术相对落后

目前，国内新能源汽车的技术较国外来说较为落后，导致中国的新能源汽车推广进度较慢。因为国内的汽车制造商很少单独设计新能源汽车，有生产新能源汽车的也仅停留在改造传统汽车的方式上。而国外如上文提及的特斯拉、丰田、通用等汽车制造商已经将新能源汽车作为自己研发的一个重要方面。所以，如果国内想要推广新能源汽车，更多的还是依赖国外进口。因此，汽车价格很可能会较高，对新能源汽车的推广会产生一定的阻碍作用。

结合以上分析可以发现，新能源汽车的发展有其历史必要性，是时代和科技的产物。但是，由于技术等多方面的原因，新能源汽车的发展和完善还需要时间。对于中国来说，推广和使用新能源汽车也是大势所趋，不过同样需要克服目前存在的一些问题。我们有理由相信，随着新能源技术的不断完善，新能源汽车的规模化生产和技术创新，将会给汽车行业带来一场翻天覆地的变化。⑤

（上接第 96 页）的预警机制，加快完善以事前防范、事中控制为主、事后补救为辅的全面风险控制管理体系，为企业在危机中转变经济增长方式、实施战略以及提高核心竞争力提供坚实保障。

2. 建立良好的风险管理文化

"企业的兴旺在于管理，管理的优劣在于文化"。施工项目要在风险管理体系的推进过程中，高度重视风险文化的建设。通过各种宣传手段，增强项目管理人员的风险管理意识，树立正确的风险管理观念，将风险管理意识转化为员工的共同认识和自觉行动，促进建立系统、规范、高效的项目风险管理机制，保障工程项目风险管理目标的实现。

建筑企业项目风险管理是建筑企业发展的现实需要，建筑企业只有在科学的理论指导下建立符合自身情况的风险管理体系，才能有效地管理风险。总之，经营与风险是相伴相生的，同时高风险又是与高利润紧密联系的。面对项目管理过程中形形色色的风险带来的机遇和挑战，建筑施工企业只有紧紧把握主动权，从完善项目经营管理机制入手，努力协调好自身与市场、社会和环境的复杂关系，才能保证企业在竞争中白热化的风险市场中，实现盈利的目标，促进企业持续、健康、稳步的发展。⑤

参考文献

[1] 李波.建设工程项目风险控制.科技资讯,2010(24).

[2] 钟伟标.谈谈建筑工程项目管理中的成本控制.中国市场 2011(28).

[3] 王志金.建筑施工企业工程项目的风险管理研究.山西建筑，2009(07).

国IV排放标准执行过程中的多方博弈

付朝欢

（对外经济贸易大学国际经贸学院，北京 100029）

当前"雾霾天气"已然成为全民热议的话题，无疑空气质量的好坏关乎每个人的健康和福利。从2012年的政府工作报告首次提出PM2.5这一指标，到2013年两会期间，会场内外，到处可见对雾霾治理的讨论，十八届三中全会的文件的相关内容更加体现了政府对于空气污染问题的重视。而大气污染中机动车尾气的排放占有很大比重，成为最大的空气污染源，因此，排放标准的全面升级已经刻不容缓。

在政策上一直处于尴尬境地的国IV排放标准可谓是"千呼万唤始出来，犹抱琵琶半遮面"，国IV标准对节能减排的优越性不言自明，可是一旦提到具体实施层面，就不再是单纯的排放标准的问题，而是一个多方博弈的过程，涉及汽车生产商、经销商、油企和消费者多个博弈主体。

一、何为"国IV排放标准"

国IV排放标准是国家第IV阶段机动车污染物排放标准，汽车排放污染物主要有HC（碳氢化合物）、NOx（氮氧合物）、CO（一氧化碳）、PM（微粒）等，通过更好的催化转化器的活性层、二次空气喷射以及带有冷却装置的排气再循环系统等技术的应用，控制和减少汽车排放污染物到规定数值以下的标准。

2005年4月27日，国家环保总局公布了5项机动车污染物排放新标准。其中与广大汽车生产企业最为密切的是GB18352.3-2005《轻型汽车污染物排放限值及测量方法（中国III、IV阶段）》（即中国轻型汽车第III、IV号排放标准），国IV号排放标准自2011年7月1日起实施。

但"国IV"排放标准的实施却没有按照文件上的时间执行，由于企业技术储备和油品质量问题屡屡遭到推迟。

第一次推迟：推迟到2012年1月1日。环境保护部表示，国IV车用燃油的标准尚未出台，无法确保在全国范围内供应相应车用燃油，经有关部门商讨，对机动车国IV标准实施日期进行适当调整。

第二次推迟：再次推迟到2013年7月1日。按照环保部公告，2013年7月1日起，所有商用车必须符合国IV排放标准。商用车尤其是柴油车排放升级需要升级发动机燃油喷射系统和增加尾气后处理系统。

但是一直到2013年7月1日，工信部和环保部并没有接到相关实施或者推迟的文件，国IV到底如何进行至今似乎还是很模糊。

而大家比较关注的首都北京也是空气污染的重灾区，甚至有网友用空气质量戏谑新北京精神："厚德载雾，自强不吸，霾头苦干，再创灰黄"，事实上北京的排放标准的施行都要早于其他省市地区，2008年1月1日，国IV燃油已经在北京上市。目前京津地区已经执行了国IV排放标准，而哈尔滨、济南、成都、南京、上海、合肥、武汉等地7月1日之后开始执行，而其他地区仍然留有悬念。2013年9月17日，环保部发布《轻型汽车污染物排放限值及测量方法（中国第Ⅴ阶段）》，环保部要求 2018 年 1 月 1 日实施机动车国Ⅴ标准；北京现已具备实施新标准的条件，将在标准发布后立即执行。如果能打破国Ⅳ实行的重重障碍，对未来国Ⅴ的实行将具有很大的借鉴意义。

二、"国Ⅳ"背后博弈主体收益分析

（一）汽车生产商

汽车生产商是这场多方博弈的重要主体之一，对于全面的国Ⅳ标准的施行上，汽车生产商面临以下三方面的困难。

1、产品技术门槛

我国汽车及零部件企业多为自主品牌，技术储备不足，未做好相应准备。

主要涉及两方面的技术，一个是发动机平台的升级，采用电控高压共轨技术优化燃烧过程——要承受更高的爆发力，燃烧的优化，通过净化降低 80% 以上的 PM 排放，还包括增加后处理系统降低 35% 以上的 NOx；另一个是必须增加机外后处理装置，在尾气排放前再一次处理，达到减排的目的，也就是 SCR（选择性催化还原）技术，即通过优化喷油和燃烧过程，尽量在机内控制颗粒物产生，在机外后处理过程中，采用尿素溶液对氮氧化物进行选择性催化还原。

国Ⅳ之前实施推迟的一个重要原因在于，共轨技术和 SCR 大多掌握在国外厂商手里，车企技术上存在一定的门槛。

2、尿素供给问题

车用尿素是随着重型柴油车排放法规的日趋严格而开发的产品。随着国Ⅳ尾气排放标准即将全面实施，国内车用尿素市场开始启动，不少外企、国企、民企相继加入了车用尿素的生产和销售。但是当前尿素的供给存在以下 3 个问题。

问题 1：车用尿素供给不足

目前我国尿素加注站非常少，全国范围内车用尿素并不易获得。因为并不是所有的尿素都可以加到车里，所以我国的尿素产量虽然大，但是能够制造车用尿素的并不多。

问题 2：尿素质量标准模糊

由于车用尿素产品的质量好坏，直接关系到车辆发动机能否正常运行，欧、美、日等地为车用尿素制定了完整成熟的技术及应用规范。我国目前只有中国汽车工程学会组织编制的《车用尿素溶液技术规范》。

也就是说，现在车用尿素根本没有一个强制性的国家标准，那么，什么样的产品才算合格就无从考证，在全国范围的大面积推广就存在困难。此前我国既没有车用尿素的国家标准，也没有相应的行业标准，仅有北京、深圳、上海的 3 个地方标准，且这 3 个标准的要求还不统一。为此，业界迫切需要统一的技术和应用规范。根据环保部的要求，《车用尿素溶液》国家标准正在起草中。

问题 3：保存成本较高

车用尿素的保存是有温度区间的，必须处于 –11℃到 25℃之间。这就意味着在加油站增加尿素添加点，并不是如同增加一个加油枪那么简单。

另外，加装 SCR 系统所需要定期添加的车用尿素，但目前国内公路加油站并没有专门的尿素添加站，国Ⅳ车辆后期使用会遇到困难。

3、升级带来的成本压力

除依赖国外技术和产品、尿素供应配套不足外，成本提高也成为制约国Ⅳ柴油车销售的重要因素。据统计，从国Ⅱ到国Ⅲ，光是从国外采购零部件就花费了几百亿人民币，而国Ⅲ到国Ⅳ就需要更多的资金支持。车型淘汰，厂商成本增加。

国Ⅳ排放标准相当于"欧四"的水平，尤其对于卡车生产企业而言，排放标准的提升意味着将支出更多成本。商用车及重型柴油车往往要增加一至数万元的成本，一般情况下，车辆加装 SCR 需要 1.5 万左右，这将使 10 万以下低端车成本增加很多，一位业内人士表示，由于竞争越发激烈，卡车的利润日渐微薄，企业自然会将成本摊给消费者，估计卡车的价格会上涨一成，这会使一部分购车者难以接受。

但也有业内人士从中看到了机遇，主要表现在以下两个方面：

机遇一：国内重型卡车的机遇，或更具有价格优势

国Ⅳ标准实施后会引起成本的上升，但可能更有利于国内重卡企业的销售。因为国外品牌的重型卡车为了能在中国销售，也需要符合新的排放标准。国外品牌重型卡车初始价格就远高于国内品牌，为了符合国Ⅳ排放标准，对发动机进行了更换。即使售价都提高10%，国外品牌和国内品牌车的价差无形中被拉大了，使得国内重型卡车反而更具价格优势。

机遇二：尾气后处理系统为车企打造新经济增长点

有业内人士认为，此次升级不仅使发动机企业受益，还将为车企带来新的增值业务，即尾气后处理系统，甚至可以凭借此打造新的经济增长点。

（二）汽车经销商

节能减排的"齐步走"命令已经下达，一些没有准备充分的市场，跌跌撞撞地迈进国Ⅳ时代，但在政策紧逼之下，经销商手中的国Ⅲ车的库存不能及时消化，于是未来避免蒙受损失，经销商有充分的动机改动发动机相关信息，让国Ⅲ车摇身一变成为符合国家排放标准的合格车辆等。

虽然按照正常规律，柴油车的国Ⅳ排放标准推迟了两年执行，市场上相关车型应该清理得差不多了，但事实上很多卡车的经销商手头压着国Ⅲ的货，存货还很多，要迅速清仓较为困难。即使有很完善的促销计划，市场需求不一定能迅速跟上，而且经营者自身能给出的优惠幅度很有限。厂家并没有相应政策，在短期内没办法清仓的情况下，自己买下来将其转入

二手车市场也是一条可行方案。但这样操作的话，经销商必然会蒙受较大损失。

为了避免损失，"改码"是一些厂家和经销商的常用对策。即由厂家提供合格证，经销商对发动机等相关信息进行改动，摇身一变就成了符合国家排放标准的合格车辆。因发动机号码本来就是由厂家统一打印，这种方式车管部门就发现不了。这种现象对国Ⅳ标准的全面推进的破坏力非常致命，另一方面也是政策考虑不周的副产品。

（三）油企

国Ⅳ标准的实行总是一拖再拖，诸多原因中，"油品拖后腿"是最核心的原因。市场推进还要迈过油品这道"坎"，油品升级脚步缓慢阻碍了汽车排放的升级。对于油企行为的考察将分为如下几个问题：

1、油品升级的主要变化指标？

据中石化经济技术研究院院长李希宏介绍，汽油质量升级主要变化指标是硫含量和烯烃指标的降低，以及锰添加剂的减少。车用柴油质量升级主要是降低硫含量，提高十六烷值以及降低稠环芳烃。

成品油排放标准，以硫含量来看，京Ⅴ标准硫含量要低于10ppm，国Ⅳ标准要低于50ppm，国Ⅲ标准要求低于150ppm。当前国内油品是现实却是：除了北京使用了京Ⅴ标准汽柴油，上海、珠三角、江苏等地也实施了国Ⅳ标准油品外，全国至少有50%的柴油无法达到国Ⅲ排放标准（含硫量在350PPM以下）。

如果想要真正在全国范围实施柴油车国Ⅳ排放，那么柴油起码要在全国绝大部分地区达到国Ⅲ排放（因为国Ⅳ的SCR后处理的发动机，至少要国Ⅲ的油，才可以达到国Ⅳ阶段污染物排放限值）。

2、油品升级困难何在？

油品的升级低于预期的速度，因为提升燃油品质不仅需要技术，还需要付出巨额资金。从

开采到销售整个生产链都存在问题，开采时，很多原油本身质量就很低，硫含量较高；炼油厂要脱硫就需要投入资金升级设备；再到销售时，可能出现合格劣质油品掺和销售的情况；成本上升到下游价格提升得到市场接受需要时间。

（1）承担油品升级的成本

虽然某些柴油炼制厂能达到了生产国Ⅳ标准柴油的能力，但实际推行或遭成本价格上涨的阻碍。据卓创资讯粗略估算，"两桶油"（中石油、中石化）升级国Ⅳ汽柴油的成本投入保守估计 500 亿 ~600 亿元。

2013 年 9 月，国家发改委印发《关于油品质量升级价格政策有关意见的通知》，车用汽、柴油质量标准升级至第Ⅳ阶段，每吨分别加价 290 元、370 元；有关负责人表示，加价标准是在企业适当消化部分升级成本的基础上确定的。在这个价格水平下，大多数炼油企业将承担两成到三成不等的升级成本。

（2）市场接受需要时间

除了成本上升的阻碍，市场接受也需要时间。油品升级之后，对应的销售价格上涨，消费者消费负担加大，一定程度上抑制其消费的积极性。

（3）油品质量监管问题

我国对成品油质量的监管比较分散，生产环节由质监部门负责，准入由商务部门负责，而流通环节则由工商部门负责。所以可能会出现以次充好、掺杂掺假、油品质量虚假标示等问题。此外，除了中石油、中石化之外，还有 20% 多民营的炼油和燃料油供应，还有进口，在这种情况下，燃油怎样达到标准是存在重大的监管问题的。

3、油品升级现在的进程？

在雾霾天气的压力之下，国家开始加快油品升级的脚步，油品升级成本应该是企业、政府、消费者三方共担。理论上，应该是企业承担多点，因为企业的利润提高了，应该承担相应的企业责任。

"两桶油"始终表示，无法按时在全国范围内提供国Ⅳ排放的柴油，并且，尿素供应也难以满足，但是从目前现状来看，由于雾霾天气的压力，"两桶油"被推倒了风口浪尖，似乎不再推诿了，目前全国多省市正在加紧国Ⅳ燃油的供应推广，而且大多供应开始的节点都为 2014 年 1 月 1 日，油品升级条件似乎已经成熟，相关企业的油品升级装置跟生产流程都已经到位，上海、江浙一带对国Ⅳ油品的使用也为油品升级提供了经验，市场也开始接受这一事实，油品的困难正在逐步清除。

（四）消费者

广大消费者在这场多方博弈的游戏中具有"双身份"，但是，不幸的是当前的影响消费者决策的变量中，"节能减排"理念所占的权重还是太低。

身份一：空气污染的受害者

作为居民，希望自己生活的城市的空气质量得以改善，实行新的排放标准可以改善其生活地区的空气质量。而商用车主要使用柴油发动机，运行里程长、燃油消耗量大，排放的尾气中污染物主要以颗粒物（PM）和 NOx 为主，是机动车尾气污染的"罪魁祸首"，也是减排的监控重点。

排放标准升级的好处不言自明，数据显示，国Ⅳ要在国Ⅲ基础上，轻型汽车单车污染物排放降低 50% 左右，重型汽车单车排放降低 30% 左右，颗粒物排放降低 80% 以上。随着目前城市污染的日益严重，空气质量的维护需要我们每一个人的努力，推行更加严格的排放法规势在必行。消费者在这一层面上，应该积极了解新的排放标准带来的好处，在购车和二手车进行交易的过程中，将国Ⅳ的环境友好因素作为重要的决策变量。

身份二：商用车用户——车和燃油的消费者

作为商用车用户，是车和燃油的消费者，排放标准提升带来的成本压力，将有相当一部分由消费者承担。在标准没有全面升级的现阶段，消费者更是在购买国Ⅳ车上面临很多的不确定性，价格因素和可能伴随的诸多问题的考虑，使得消费者的购买力不足。

（1）高标准车的成本与收益

如前文所说，油品升级带来车企和燃油供应商的成本上升，都会一定程度转嫁给消费者，面对上升的价格，用户购买力将受到考验。主要体现在新卡车将使用新型的发动机和增加尾气处理装置，这意味着其成本将提升2万~4万元。新车每增加一套后处理系统，成本要增加1万多元。应该意识到的一点是，国Ⅳ发动机动力性更好，经济性也更好，综合省油在5%以上。单从省油的角度看，减少了能源消耗，也就是降低排放，对用户而言，实际的使用成本是降低的，而且这个差价一年多就能赚回来。在赚回差价后，以后使用就是省油赚来的利润。

因此，虽然国Ⅳ排放标准的柴油车售价高了，但使用成本降低，用户最终是受益者。

（2）油品升级的成本压力

两桶油（中石油，中石化）推进油品升级的成本的上升，无疑会伴随油价的提升而转嫁给消费者，这也是消费者需要承受的，可能短期在一定程度上会抑制其消费积极性，市场需要一定的时间来接受。

（3）配置升级滞后带来的消费决策的不确定性

表面来看，用户使用高标准的车实际是受益的，更重要的还有对空气质量的改善的意义，即使这样，"双赢"局面的实现仍然存在障碍，因为自利的消费者在决策时会考虑到"服务系统不够完善"引致的一系列的问题。

问题一：如果购买国Ⅳ的车，由于国Ⅳ的油品没有实现全国范围的供应，会导致国Ⅳ的车喝国Ⅲ的油，这对发动机本身就是一种磨损。

问题二：即使车和油都升级了，加装的SCR尾气处理系统需要定期添加的车用尿素（车上安装有尿素罐），而国内的加油站没有专门的尿素添加站，购买国Ⅳ车辆在后期使用中会遇到困难。

问题三：国Ⅳ的车，发动机、SCR尾气处理装置的零部件在国内并不到处可得，让消费者不得不担心购车之后的后续维修问题。

基于以上问题，消费者没有动机冒着这样的风险购买国Ⅳ的车，反而在2013年的7月1日之前出现"抢购国Ⅲ车的热潮"，短视又厌恶不确定性的车主迫切希望在国Ⅲ车还能上牌照之前钻取政策的空子，国Ⅲ的车成本低，国Ⅲ的油品也相对便宜，国Ⅳ油品的全国范围的普及也需要一定的时间。

问题四：问题一到问题三都是针对购买新车的群体，不得不忽视政策对于已有车的群体的影响，国Ⅲ车的更新换代的成本较高，二手车市场的面临着重新洗牌，淘汰下来的二手车辆因为不符合排放标准，而无法进入市场流通，将使二手车市场面临严峻考验，新的排放标准出台无疑使得二手车流通风险加大。

三、国Ⅳ标准全面实施的政策建议

政府的角色是这场排放标准升级的推动者，空气污染问题是重要的民生问题，政府的态度应该是非常强硬的，但是政府在这个角色上发挥的作用目前来看还很不尽如人意。政府应该在这个利益平衡发挥主导作用，在以下问题上政府需要进一步的考虑：

（1）完善国Ⅳ标准的"后续服务系统"，一定要做到同步性，如果单纯只是车的发动机升级，没有油品的升级和车用尿素添加站的设立，消费者对国Ⅳ车的购买就会一直缺乏信心，国Ⅳ车"喝"着国Ⅲ油，尾气排放达国Ⅳ标准的现象将频频出现，如此发展，国Ⅳ标准就完全被架空，对环境改善起不到实质性的作用，升级也不过形同虚设。

（2）成品油本身是一种政策导向的商品，油品升级本身也是政策主导的，（下转第117页）

谁将成为"人民币国际离岸金融中心"
之最后赢家？

汪 洋

（对外经济贸易大学国际经贸学院，北京　100029）

随着中共十八届三中全会加速推进资本市场开放方向的确立，人民币国际化的步伐在不断加快。自从在香港发行人民币债券后，中国先后与多个国家签署人民币互换协议，对此全球金融界一直保持着持续的关注，甚至将中国设立人民币离岸金融中心称作是"21世纪金融界最大的机遇"。

尽管有中国政府的外汇管制和人民币投资选择少等缺点，全球各大金融中心依然将其视为潜在的经济推力，英国伦敦、法国巴黎、德国法兰克福以及瑞士苏黎世正为成为人民币在欧洲的离岸金融中心争得不可开交，香港、台湾、新加坡和悉尼也在为成为人民币在亚洲的离岸金融中心而费尽心力。

到目前为止，虽然香港是人民币离岸市场中人民币存款规模最大的金融中心，但是其他金融中心依然凭借着各自的优势不断地挑战香港的地位。作为最先开展人民币业务的全球金融中心，香港拥有最大的人民币存款，但是由于人民币管制等原因，香港人民币存款占香港总存款数的比例一直徘徊不前，这与其他人民币离岸市场的蓬勃发展形成鲜明对比。在这些市场中，人民币存款、债券以及各种衍生品的种类和规模正以惊人的速度增加。但是在考虑到这些市场一开始的人民币基数，这些市场的迅速扩张就变得没那么惊人了。本文将通过讨论各主要国际金融中心发展人民币离岸金融中心的优势与劣势的角度，来谈谈这场没有硝烟的金融战争。

一、香港成为人民币离岸金融中心的优势与劣势

（一）香港的优势

1、香港作为中国特别行政区有独特的政治优势

中国中央决策者早在香港回归时就做出了要保持香港繁荣的承诺，因此将人民币离岸金融中心这块大蛋糕给予香港，能够很好地体现中国中央政府的信用。早在2005年，香港特首曾先生就与中国中央决策层就将香港建设成人民币离岸金融中心进行讨论，如今将香港建设成人民币离岸金融中心已经得到大部分中央领导人的认同。其次香港能够为中国金融改革尤其是汇率形成机制的改革提供有效推力，同时有效地控制金融改革所暴露的风险。

2、香港的地理优势

中国香港是中国内地与东亚各国进行贸易往来的重要一环，建设香港人民币离岸金融中心不仅能够有效促进东亚地区的境外人民币流

入香港，从而促进香港债券市场的发展，也能为中国大陆公司投资于东亚国家提供良好和高效的融资平台。

3、香港的经验优势

早在2004年，香港就开始办理人民币业务，而且从2005年香港首次提出建立香港人民币离岸金融平台的概念到现在已经8年了，在这期间，香港和内地相继签署了《CEPA协议》和《清算协议》等一系列重要文件，到现在香港已基本完成了人民币固定收益平台的建立，并形成了基金产品、固定收益产品和IPO产品的完整格局，同时积累了丰富的经验，而这正是其他国际金融中心现在最欠缺的。而且占香港总存款数10%的人民币存款也是其他国际金融中心所望尘莫及的。如今香港已经能够有效地管理香港的人民币业务，并且开始向位于香港的银行提供流动性。作为亚洲第一、世界第三金融中心的香港在管控人民币境外流动方面愈发成熟和自信。

（二）香港的劣势

由于港币和美元波动的相对一致性，大多数在香港的公司并不愿意发行港币债券，他们更乐于发行美元债券。从而形成了香港金融市场的短板，即香港债券市场欠发达。但是从另一方面看，人民币离岸市场在香港的发展能够吸引内地和外国企业到香港发行人民币债券，进而吸引国际人民币资本投资于香港，这样能够有效促进香港债券市场的发展和成熟，弥补其劣势。

二、新加坡成为人民币离岸金融中心的优势与劣势

（一）新加坡的优势

1、全球第四大的外汇交易中心

全新加坡政府早在20世纪60年代就开始将新加坡打造成全球重要的离岸金融中心了，并经过几十年的努力，新加坡已经发展成为全球第四大外汇交易中心和亚洲最重要的离岸金融交易中心之一，并且其主权信用评级长期保持在AAA级。现在，新加坡的远期外汇市场的日成交量约为30至40亿美元，这一数字大约占国际人民币远期市场总成交量的80%。这些不仅意味着新加坡拥有发展人民币离岸金融中心的经验，同时意味着新加坡能够依靠其在国际金融市场上的良好形象推进人民币国际化。

2、新加坡金融市场独特的制度

新加坡的金融市场一直是以政府主导为主，而正是由于新加坡政府的廉洁高效，新加坡的金融市场一直被金融界推崇为全球"最干净"的金融市场。同时新加坡政府也为外币离岸金融市场在新加坡的建立提供种种优惠条件，这些无疑都对中国政府产生着强大的吸引力。

3、地理优势

随着中国和东盟各国的双边贸易额不断增加，中国已经成为东盟最大的贸易伙伴，东盟也成为中国第三大贸易伙伴，仅2012年，中国企业对东盟直接投资额就达44.19亿美元，占中国当年对外直接投资总额的51.14%。新加坡作为极具影响力的东盟国家，新加坡将不可避免的成为中国公司投资于东盟国家的重要的融资市场。到目前为止，新加坡已经成为继纽约和香港之后，拥有最多中国上市公司的金融中心（共153家）。

同时，由于新加坡扼守全球能源交通线的特点，使其具有强大的发射力。不仅是东盟，大洋洲、西亚、东非和北非也受其影响。

（二）新加坡的劣势

首先，相比于香港和伦敦等金融中心，新加坡在全球的影响力不足。其次，由于其国力和经济总量的限制，新加坡作为全球离岸金融中心的发展后劲不足的缺点正慢慢显现。

三、伦敦成为人民币离岸金融中心的优势与劣势

（一）伦敦的优势

1、伦敦在全球金融界的地位

作为全球最大的金融中心，伦敦拥有良好的金融基础。同时其金融业极具国际化，在伦敦发放的国际信贷总量约占全球总量的20%；在伦敦证券交易所上市的证券有50%为外国证券；伦敦拥有世界最大的外汇市场，其年交易量为全球年交易总量的30%；伦敦还是全球最大的保险业中心；而且，伦敦在之前的几个重要国际货币的国际化进程中都扮演着重要的角色，如20世纪中期的美元和20世纪七八十年代的日元。同时，伦敦金融市场从业人员拥有相对较高的专业素养和职业操守，这些都说明伦敦有能力发展好人民币离岸金融业务。

2、伦敦的地理优势

由于欧盟已经发展成为中国最大的贸易伙伴，欧洲市场对于人民币的需求正在大幅上升，因此伦敦的地理位置就变得愈发重要。同时作为欧盟重要成员国英国的首都，其背靠欧元区以及位于中国与欧洲海上贸易线上的地利位置，也使其成为中国企业家谋求在欧洲发展重要的融资地。

3、英国政府的大力支持

2012年，英国财政部和香港银管局成立人民币业务发展合作小组，并形成了包括通过延长香港人民币支付系统工作时间，来扩大香港与伦敦之间的同业融资等多项成果。同年，伦敦推出"伦敦成为人民币业务中心"项目，此项目有英国财政部牵头，项目下设三个小组，它们分别是清算和结算基础设施组、产品服务组以及市场教育组。2013年，英国政府为鼓励中资银行在伦敦设立分行，特意为中资银行降低了资本金要求。到2012

年6月底，伦敦的人民币存款已达142亿元，近六成的银行向个人客户提供人民币业务服务，超过六成的银行向企业客户提供人民币公司银行业务，目前在香港出现的人民币产品都已经在伦敦出现。

伦敦的人民币市场正在英国政府的大力支持下快速发展。

（二）伦敦的劣势

伦敦从事人民币业务发展时间较晚，虽然已经和香港建立了合作机制，但是伦敦依然缺乏运作人民币离岸金融中心所必需的经验。

与这三个全球金融中心相比，其他金融中心也有着各自独特的优势。中国台湾和中国大陆虽然在政治上依然处于隔阂的境地，但是作为看重血缘的中国人，台湾在发展人民币离岸业务上还是具有一定优势的，仅仅在开始办理人民币业务的两个半月之后，台湾的人民币存款就达到惊人的500亿元，使得台湾成为继香港和新加坡之后第三大人民币离岸中心。并且台湾当局已经与中国人民银行达成了建立人民币清算行的共识，这无疑成为台湾发展人民币业务的又一优势。同时，随着两岸经济贸易往来的不断加深，在台投资和从事贸易的大陆商人也渴望台湾人民币离岸金融业务的发展。而法兰克福和巴黎作为欧元区内重要的金融中心所具有的人民币与欧元兑换的优势也是其他金融中心所不具备的。

现如今，全球重要的金融市场（除了纽约）对于人民币全球离岸金融中心的争夺依然在持续，并且正愈演愈烈。在这场争夺战中，它们将凭借各自的优势，运用各种手段来争取最终的胜利。在这场争夺战中，也许会出现黑马，也许会出现合纵连横，但无论结果如何，中国经济的可持续发展和人民币的崛起，对全球经济的进一步健康发展和国际货币体系的更加合理均衡，有着无与伦比的深远影响。⑤

双汇国际收购史密斯菲尔德的前景讨论

吴健文

（对外经济贸易大学国际经济贸易学院，北京 100029）

摘 要：中国企业对外国企业的收购自从 2004 年起，就已经超过韩国，成为亚洲第二大收购合并市场。新生事物的发展往往不是一帆风顺，作为海外收购失败率最高的国家，中国企业在一次次的失败中积累了宝贵经验。2013 年 9 月 6 日，美国政府同意双汇国际以 71 亿美元收购史密斯菲尔德。伴随我国"走出去"战略的深入，国内企业海外收购金额也是逐年创下新高，然而其间所含的风险也是越来越大。通过回顾国内曾发生过的重大收购案的例子，笔者将用比较的方法来对分析本次双汇收购案的前景。

关键词：海外收购；双汇国际；史密斯菲尔德；前景

一、中国企业对外收购之路

中国企业海外并购是指中国企业为了达到某种目标，通过一定的渠道和支付手段，将一国企业的部分股份或所有资产收买下来，从而对另一国企业的经营管理实施实际的或完全的控制行为。从 20 世纪 90 年代以来，全球共发生 5 次并购浪潮。企业并购不断从横向并购向纵向并购及混合并购发展，从行业内向跨行业发展，从国内并购向国外并购发展。在全球经济一体化的影响下，中国企业的海外并购也越做越大，一定程度上大大促进了我国经济的发展。

纵观中国海外并购的发展历史，大体可以分为三个阶段：首先是 20 世纪 90 年代初期至 2000 年的探索和发展；继而是 2000 年到 2008 年的"政府指导海外并购"时代；2008 年以后，则是金融危机及其余波引发的海外并购"抄底"时代。简单地回顾一下，过往的中国企业海外并购历程跌宕起伏、胜少败多。尽管其中不乏"成功"案例，但更多的人由于种种原因铩羽而归。据麦肯锡的研究，在过去二十年，全球大型的

企业收购案中，取得预期效果的比例低于五成，而中国则有六七成的海外收购不成功。这说明在全球范围内收购都是一项复杂而艰巨的任务。

中国企业一直在坚持"走出去"的策略，许多国内的海外收购也在践行着这条道路。中国企业海外收购失败率不能只从国内的角度来看待，应该一分为二地理解：其一，中国企业在收购外国企业，尤其是对美国时往往是比较困难的。通常美国对中国企业会设置三重防线："反倾销"和"反补贴"、利用知识产权手段、国家安全审查手段。华为对三叶公司失败的并购就是一个典型的例子。在 2011 年时，华为已经避开了美国的 377、301 条款，即知识产权手段，之后仍然遭到了外国投资委员会的干涉，导致华为最终放弃这次并购。其二，当收购顺利交割以后，由于冒进和准备不足，导致企业经营失败的例子也屡见不鲜。例如 TCL 并购汤姆逊 3 年净亏 40 亿元、中国平安并购荷兰比利时富通集团 8 个月净亏 157 亿元。由此可见，国内的高收购失败率是由很多因素共同作用的。在这样的大环境下，对这起国内史上金额最大

的收购案进行深入思考就尤为重要了。

二、双汇与史密斯菲尔德现状

2013年9月6日,我国著名的食品集团双汇集团的控股股东双汇国际将收购美国的史密斯菲尔德,并且在当日已获得美政府批准。

双汇集团作为国内一家大型食品集团,它是以肉类加工为主的大型食品集团。截止到2013年,它在全国18个省市建设了加工基地,集团旗下子公司有:肉制品加工、生物工程、化工包装、双汇物流、双汇养殖、双汇药业、双汇软件等,总资产约100多亿元,员工65000人,是中国最大的肉类加工基地。在2010年中国企业500强排序中列160位,在2010年中国最有价值品牌评价中,双汇品牌价值196.52亿元。而双汇国际,全名双汇国际控股有限公司,位于香港,主要从事投资、国际贸易及多元化业务。双汇在国内最大的竞争对手便是雨润食品,两大集团一度引发了国内的"火腿肠大战"。从净利润来看,2010年包括以前,雨润均占据着明显的领先地位。不过在2011年形成持平的局面,而在2012年,双汇净利润达到28.85亿元,同比增长116.25%,而雨润是-4.78亿元,比2011年低了近19亿元。详见图1。

反观收购案的另一方,史密斯菲尔德食品公司于1936年成立于美国的弗吉尼亚州,在1998年后,它已成为美国排名第一的猪肉供应商,截止2013年,该公司有4个生猪场、85万头种猪、40家猪肉加工厂、1580万头猪的产量,产品供应美国国内,出口中国、日本、墨西哥等市场。该公司2012财年财报显示,公司营收131亿美元,较上年同期的122亿美元增长7.37%;运营利润7.22亿美元,较上年同期的10.95亿美元下滑34.06%;净利润3.61亿美元,较上年同期的5.21亿美元降低30.71%。该公司债务为

16.4亿美元,资产负债率为33%。截止到收购日期,史密斯菲尔德负债为24亿美元,此笔负债也纳入收购金额之中。

三、国内往年两起重大收购案

在分析本案之前,应该简单地分析一下国内几年前几个有代表性的收购案,通过比较才能对双汇国际收购史密斯菲尔德有一个更为全面和深刻的认识。

在2010年8月2日,吉利在伦敦用18亿美元完成对沃尔沃轿车公司全部股权的收购。沃尔沃作为福特旗下的一个品牌,从2008年起连续两年的亏损率均为10%以上。那时的吉利是一家管理和豪车制造经验匮乏的企业,此笔收购的风险可见一斑。但在2010年,沃尔沃便开始扭亏为盈,在中日德三国的销量都增加了50%。

吉利的成功不是偶然。仔细观察其收购细节:吉利在合同中向沃尔沃保证不关闭厂房,不裁员,从而消除了瑞典政府的担心。同样在经销商方面,吉利理顺了同供应商的关系,采购合规的零部件,控制了成本,保证了质量,也打消了经销商的顾虑。在内部,吉利尽力地满足了工会的利益和要求,也积极邀请沃尔沃的高管层来参观吉利集团的生产装备、工艺等等,使得沃尔沃工会更加了解了吉利,也解决了他们的疑惑。

同属汽车行业,上汽集团40亿元收购韩国双龙汽车却是个失败的例子。在2003年下半年,由于韩国的双龙汽车经营不善,上汽以5亿美元得到了双龙汽车,当时约40亿人民币。双龙在此前一直依附着奔驰,被收购也意味着

图1 双汇与雨润净利润比较图

切断了原有的支持，自此年产量远远低于韩国其他汽车厂商。在金融危机下，上汽没能很好地进行改革，还是让双龙走老路子，技术层面上并没有顺应时代而创新。2009年1月，上汽紧急拨款4500万美元用来支付双龙员工工资，并且打算以裁员约2000人为交换条件。当时双龙工会坚持不裁员，一下子让上汽走上了两难境地。可以说在管理层面，上汽也是不成功的。终于在2009年2月，韩国法院宣布双龙汽车进入破产重组程序，上汽也正式地失去了双龙。

在2008年，同样是金融危机，同样是生产SUV和大型车的双龙和沃尔沃走上了不同的路。沃尔沃在吉利的带领下成功地减少了成本，扭亏为盈，而双龙却在油价飞涨的2008年没有及时采取应对策略。

四、双汇收购案前景分析

吉利收购沃尔沃是为了引进先进的管理技术，上汽收购双龙是为了集合全球资源。由此可见，企业的目的不同，自然也将会导致完全不同的结果。至于双汇收购案，其主要目的笔者认为是以下三点：

1、国内肉源供应短缺

中科易恒（北京）现代农牧信息技术研究院首席专家冯永辉指出，中国现在每年猪肉的消费量在5000万吨左右，是全球最大的猪肉消费市场。但是随着国家的发展，大量民工进城，农村养殖业的人手减少；另一方面，由于养殖业耗费大量的水、粮食，对环境有一定的影响，越来越多的地方政府不再欢迎大型的生猪养殖项目，中国猪肉保证供应的压力会越来越大。如果猪肉的供应出现问题，有可能重蹈现在大豆和食用油的覆辙，导致将来猪肉对进口的依赖越来越严重。

2、重振自己的品牌形象

2011年3月的瘦肉精事件，双汇花了一年的时间才从阴影中走出来。现在已经是2013年，双汇董事长万隆在宣布这宗交易时说，双方在并购后能够通过从美国进口高质量的肉产品来满足中国市场对猪肉不断攀升的需求，还能够继续服务于美国和全球市场。从这番话中可以很清楚地看出这不仅仅是重塑自己的形象，另一方面也能让消费者重新信任和消费双汇产品。

3、实现自身的战略

双汇提出了"三个转变"的战略：一是产品由高中低档向中高档转变；二是由过去速度效益型向安全规模型转变；三是把双汇集团做成国际化大公司，努力早日进入国际肉类行业前列。此次收购是一次进军美国市场的机会，同样也是实现其第三个转变的契机。

在本次收购的细节中，双汇的做法和之前吉利的做法有很多类似之处。外国的企业文化与国内是截然不同的，众所周知美国工会的实力是非常强大的，他们有权提出修改劳资协议、提高工资等等，并且有很强的话语权。其实在以往失败的海外收购案中，工会起到了很大的作用。对待海外企业时，国内企业需要改变自己的观念，让管理层和工会融洽相处。吉利在收购合同中明确指出，不裁员也不关厂。同样，双汇也承诺在收购以后，保持史密斯菲尔德的运营不变、管理层不变、品牌不变、总部不变、不裁减员工、不关闭工厂，并将与美国的生产商、供应商、农场继续合作。全美的消费者仍可以继续享用史密斯菲尔德高品质、安全的猪肉产品。这一做法让企业员工和民众吃了一颗定心丸，是企业未来良性运行的基础。

但双汇在未来的运作中，仍有以下三个重大问题需要解决：

1、与国内猪农利益的冲突

虽然之前提过国内的猪肉市场出现了一定量的短缺，但这并不能说明双汇这次收购能恰好填补这部分空白。若能够从美国引进大量的猪肉，势必会导致国内猪肉价格下滑，并且损害一部分猪农的利益。在美国，适量的瘦肉精是可以合法地添加到猪饲料中的，而在中国，政府则是严厉打击瘦肉精。正是由于这一点，以往的中美猪、牛肉贸易才屡屡受阻。在收购前，双汇已经走出瘦肉精的阴影，但这并不代表未来的双汇能够让人民放心。因为双汇出于对自身利益的考虑，一定会将美国猪肉引入国内，瘦肉精禁令与其的矛盾是显而易见的。

2、与美国市场的冲突

在他国市场，美国政府同意这笔收购的原因主要有二：首先，因为史密斯菲尔德是食品集团，并非是敏感的能源或金融行业。其次，美国也需要来自外国的投资来促进美国的经济增长和就业，因为美国的经济仍处于低速复苏状态，2013 年失业率还是处于 7.3% 的高位。但日后双汇的供应决策仍将会吸引美国政府的注意，因为其事关自己的军队的后勤供应商和百姓的生活必需品。与之前两案不同就在此，双汇不仅仅要协调好与国外企业管理层的关系，也要好好斟酌与美国政府的问题。在国内，双汇曾不止一次卷入食品安全丑闻，加之黄浦江上曾漂来的数万头来路不明的死猪，美国民众必然会质疑日后食用的猪肉的安全性。无论是来自市场还是政府，都存在亟待解决的问题。

3、制定合理的未来战略

关于公司的未来战略，之前在收购目的分析中提到过双汇的"三个改变"，双汇此举收购并非是偏爱美国猪肉，而是想向其学习先进的管理技术、一些猪肉生产和粪便管理的技术。上汽收购案是一个典型的不兼容例子，中国企业收购外国企业并不是要把自己变成他们，也不是要去形成两个独立的个体，而是要吸收他们的精华供自己所用。为完成这一目标，双汇的决策层需要在未来制定出合理的发展战略。

4、未来现金流的分配问题

双汇从 2008 年到 2012 年的净利润分别是 6.98、9.10、11.59、13.34 和 28.85 亿元，按照现在的汇率折算仅约 11 亿美元，明显可以看出 47 亿美元对双汇来说并非是一个小数目。在国内大企业历年的海外收购中，政府的帮助一直伴随其间，这次收购案也并不例外。双汇表示，此次收购资金来自其自有资金和银团贷款，中国银行承诺向其提供 40 亿美元的银团贷款，而摩根士丹利也会提供 30 亿美元的贷款。俗话说"好钢用在刀刃上"，眼下未来现金流并不紧张的的双汇会制定怎样的资金分配方案，这将是影响其企业未来做大、做强的关键一步。

自从金融危机以后，全球有不少企业面临业绩下滑的局面。随着危机的深化，越来越多的企业发现，原来很多遥不可及的目标一下子变得触手可及，收购价格也越来越有诱惑力。不少中国企业抱着"抄底"的心态，大批进军美国市场。在收购中，未来现金流会对企业起决定性作用，如果现金流允许，抄底也是可以做的。不过中国企业对海外收购需要摆正心态，要以业务发展和战略布局为导向，去收购一些可以理解和控制的企业。

在 2013 年 9 月 24 日双汇国际获得了史密斯菲尔德 96% 的股东赞成票。通过史密斯菲尔德的年报可以看出，它并非是一个负债累累或是要倒闭的企业，这点可以说明双汇并非是抱着捡便宜的态度。客观而言，双汇的未来是机遇与挑战并存的。当然，面对我国过高的收购失败率，问题也不仅仅是刚刚提到的那些。⑤

参考文献

[1] 史密斯菲尔德 2012 年年度报告.

[2] 2008 年 -2012 年雨润食品年度报告.

[3] 2008 年 -2012 年双汇发展年度报告.

[4] 盖世汽车网. 沃尔沃轿车公司各车型销量.

[5] 国企业海外并购失败的原因与对策分析. 广东经济，2011（06）.

[6] 刘斌. 中国企业海外并购现状的思考及发展建议. 中南财经政法大学工商管理学.

[7] 双汇集团官方网站：http://www.shuanghui.net/

[8] U.S. Bureau of Labor Statistics：http://www.bls.gov/

不动产统一登记制度有利于
房地产市场健康发展

刘 艳

（对外经济贸易大学国际经贸学院，北京 100029）

不动产物权登记是指土地及其他定着物的所有权和他物权的取得、丧失与变更，依法定程序记载于有关机关管理的专门簿册上，它是不动产物权变动的公示形式。也可以说是经权利人申请，国家有关登记部门将有关申请人的不动产物权的事项记载于不动产登记簿的事实。

作为物权公示手段，不动产登记制度在财产权保护中扮演了极为重要的角色，它甚至决定了基于法律行为的不动产物权变动能否发生效力。著名民法学者梁慧星先生指出："不论物权法如何完善，如果没有一个好的登记制度，那你的物权法就不会有好的结果，不会得到切实的实施。"

不动产登记的根本作用在于减少社会交易成本。交易时，通过查询登记事项；可以直接明确产权归属，降低购买者的信息成本，保证交易的安全性与有效性；在不动产权利遭受非法侵害时，产权人可以通过登记事项来保障自身利益，减少法律纠纷。可以说，登记制度为不动产交易提供了统一、有公信力的法律基础。

一、我国不动产登记制度现状及存在的问题

虽然早在 2007 年，我国《物权法》中就提出了"国家对不动产实行统一登记制度"，但是，这一规定几年来一直悬在空中，导致《物权法》无法落地，不仅不动产登记信息混乱，不动产交易安全也缺少保障。近年来，虽然一些地方已经成立了专门机构推行不动产统一登记制度的实施，但由于国家层面尚未建立统一制度，地方探索所取得的效果并不明显。

我国的不动产目前仍然由不同的管理部门负责登记，实行的是分散登记。

（一）分散登记导致登记效率低下，增加了交易成本

我国不动产分类复杂，土地分为国有和集体所有之分，按照性质分为林地、草地、耕地以及建设用地，按照区域和用途又分为农村建设用地、农村承包土地和城市建设用地。

目前，我国进行不动产登记的部门将近 10 个，各个部门都有各自的法律作为依据，如《森林法》、《草原法》、《农村土地承包法》、《城市房地产管理法》、《渔业法》、《海域使用管理法》、《担保法》等等。国土资源部门对土地进行登记则依据的是《土地管理法》，并且此法第十一条第三款还明确规定"确认林地、草原的所有权或者使用权，确认水面、滩涂的养殖使用权，分别依照《中华人民共和国森林法》、《中华人民共和国草原法》和《中华人民共和国渔业法》的有关规定办理"，承认了土地分散登记的现状。

针对不同类型的不动产，各部门依据各自不同的法律颁发证件，林业部门发林权证，农

业部门发土地承包经营权证，建设部门发房产证、宅基地证，国土部门发土地使用权证。

我国目前的分散登记现状造成多头登记、重复登记、遗漏登记，资料分散、资源浪费等现象，使得登记效率低下，增加了交易成本。

（二）由于不同的部门管理和登记，导致农林用地、农牧用地以及林牧用地之间的权属界线不清，权利归属不明确，引发众多矛盾和纠纷，有的甚至产生恶性械斗，引发群体性事件

据某省统计，1998 年以后，该省林区每年爆发农林争议数百起，至 2005 年末，尚有 711 起农林争议未解决，面积达 16.5 万公顷。为了解决这些纠纷，该省政府专门设立了土地纠纷划界办公室。由于各部门的登记方法、技术规程等不一致，也很容易导致各种土地权利的重登、漏登现象的产生。特别是不同类型的土地权利面积重叠或者重复登记严重。20 世纪 90 年代之前，由于受当时条件限制，林权证发放比较粗放，不少地方采取的是"一局一证"或者"一场一证"的方法，林权证涵盖的面积比较广，如原林业部给黑龙江省东京城林业局颁发的国有林权证登记总面积就达 401273 公顷，范围不仅涵盖了居民区，而且涵盖了许多经营性用地，导致林地的面积与耕地、集体建设用地的面积重叠严重。

（三）不动产分散登记增加了当事人的负担，影响正常的市场交易秩序

正如上面提到的，约 10 个不同的不动产登记部门都以各自不同的法律为依据办理不动产登记，所以就容易出现多证在手的现象。在农村，农民仅就其财产就要分别到四个不同的部门办理四个不同的证件：住房要到建设部门办理《房屋所有权证》，宅基地要到国土资源部门办理《集体土地使用证》，承包的土地要到农业部门办理《耕地承包证》，栽种的树木要到林业部门办理《集体林权证》。在城市，居民最少到不同部门办两个证《房屋所有权证》、《国有土地使用证》。

各种证书满天飞，不仅增加了人民群众办证的不便，增加了其时间、资金成本，而且由于房地分别登记，导致房屋和土地分离的现象也十分严重。比如，在房地产抵押时，不仅要到建设部门办理房屋抵押登记，而且要到国土资源部门办理土地抵押登记。实践中，有的人将房屋和土地分别抵押，或多次抵押，骗取银行贷款的案例经常发生，造成大量的国有资产流失。

事实上，不同的部门办理不动产登记，配备一套专门的人员、机构、场所以及设施设备，不仅为此相应的多支付人力物力成本，而且由于各部门之间的职能交叉，也导致争权夺利或者扯皮推诿，降低行政办事效率，严重影响政府的形象。

由于我国不动产实行分散登记的现状暴露出了以上种种的弊端，不动产登记制度的改革势在必行。2013 年 4 月，国务院办公厅发布了包括 72 项改革方案、提出明确时间表的《关于实施国务院机构改革和职能转变方案任务分工的通知》其中，提出 2014 年 6 月底前出台《不动产统一登记条例》。

二、不动产统一登记制度的作用

虽然社会各界对于不动产统一登记制度的利弊以及可实施的可行性存在各种声音，但是笔者认为不动产统一登记制度的实施意义明显，它能有效地促进房地产市场的健康发展。

（一）更好地落实物权法的规定，保障不动产交易安全，有效保护不动产权利人的合法财产权

不动产统一登记制度通过保障公民的合法财产和房屋等不动产的交易安全，减少欺诈行为，无疑使得人们有长久的动力去创造和追求财富，造福社会。财产安全一直是人们忧虑的一个问题，如果人们无法保障其个人合法财产的安全，就不可能有积极性去创造财富，即使创造财富，也会转移。个人财产的安全，既体现在保有环节，也体现在交易环节。对于不动产来说，人们既担忧国家的非法侵占，也担忧交易中的欺诈行为。因为权属证书是可以伪造的。因此，为避免此类交易风险，需要通过国家机关的登记行为来确认其物权状态从而保障其真实性，人们在交易时只要查看相关登记即可确认其安全。就此而言，登记簿是比权属证书更可靠的权利证明。而它之所以能发挥如此功用，乃因为登记行为本身是以国家信用作担保的，而国家信用的背后又是法律信用。

（二）提高登记效率，降低交易成本

2013年3月，十二届全国人大一次会议在人民大会堂举行第三次全体会议。会议决定，将分散在多个部门的不动产登记职责整合由一个部门承担，理顺部门职责关系，减少办证环节，减轻群众负担。

一是由国土资源部负责指导监督全国土地、房屋、草原、林地、海域等不动产统一登记职责，基本做到登记机构、登记簿册、登记依据和信息平台"四统一"。行业管理和不动产交易监管等职责继续由相关部门承担。各地在中央统一监督指导下，结合本地实际，将不动产登记职责统一到一个部门。

二是建立不动产登记信息管理基础平台，实现不动产审批、交易和登记信息在有关部门间依法依规互通共享，消除"信息孤岛"。创造条件，逐步建立健全社会征信体系，促进不动产登记信息更加完备、准确、可靠。

三是推动建立不动产登记信息依法公开查询系统，保证不动产交易安全，保护群众合法权益。

实行统一的不动产统一登记制度将杜绝重复登记、错误登记等资源浪费的现象，使交易过程更加清晰、统一，产权更明晰，同时在一定程度上减少地区差异造成的市场分割，提高登记效率，降低交易成本。

（三）为预防和惩治腐败打定基础

这次不动产统一登记制度的发布引发最热

烈争论的就是其可能起到的"阳光疗法"，让不合法的财产权无处藏匿，为反腐工作增添一个更有力的抓手。在缺乏统一的不动产登记制度的情况下，公职人员的房产申报和公布信息的真实性、准确性与完整性容易受到公众的质疑。有了全国统一的不动产登记信息网络，基于公民个人身份号码建立统一的社会信用代码制度后，组织人事部门、纪检监察部门和社会公众就能随时查询证实。因此，这有助于保障公职人员廉洁从政，督促他们慎独自律，见贤思齐。

但是，我们也应该看到，不动产统一登记制度的反腐功效，是一种制度完善后的衍生便利，它主要借助于民事后果变相强制才显示出来。也就是说，假如一个人不去国家机关登记，他就很难交易、抵押和转让其不动产，这就迫使他不得不去登记。而只要一登记，系统就会立即显示其名下拥有的不动产状况。由此可见，其反腐功效是建立在信息的联网和统一上，目的是为纪检、审计等反腐机构提供便捷查询的渠道，它本身不具有甄别一个人是否为腐败分子的职能。因此，要使不动产统一登记制度的反腐功效充分发挥出来，就必须确保登记制度本身的完善。一个有缺陷的登记制度，其反腐功效肯定要打折扣，甚至还会为腐败制造更多的机会。

（四）为房产税铺路，为房地产市场的健康发展打基础

十八届三中全会涉及房地产的改革包括四点：建立城乡统一的建设用地市场；农民宅基地的自由流转试点；房地产信息统一登记制度；房产税的立法和全面铺开。

其中，前面两项改革影响将十分深远，直接改变土地供应结构，使土地资源短缺的现象得到一定程度的缓解。不过，前两项改革的具体实施还存在很大阻力。一是上述改革需要出台相关的国家法律，调整时间无法预计。二是改革也挑战了地方政府出售国有建设用地使用权的方式，新政是否会遭遇地方阻力，也是改革的关键因素所在。而建立不动产统一登记制度和房产税，则可能在短期内得到突破。

作为我国财税制度改革的重要税种，房产税全面征收工作正在紧锣密鼓的酝酿当中，而不动产登记制度则是与其配套的重要政策。相关专家认为，房产税之所以迟迟未能全面征收是因为征收的基本条件——房产信息的统一登记条件不具备。从试点房产税的地方政策来看，多规定一定面积以下免税，但在"碎片化"的现行房产登记制度中，各地房管部门只掌握当地房产登记信息，对于外地房产登记信息多不掌握。这样一来，在多个城市有多套房的人，只要将一个城市所拥有住房面积控制在免征线下，就有望避过房产税的征收。

此前，我国通过银行征信系统的联网，可以查到购房者有没有办理银行贷款的记录，但对于未办理过银行购房贷款的人而言，征信系统是查不到其购房记录的。为掌握房产信息，住房城乡建设部曾要求在 2012 年 6 月 30 日完成 40 个副省级以上城市的房产登记信息联网，但据媒体披露，各城市的数据输入不足，而且准确率也成问题。伟业我爱我家集团副总裁胡景晖认为，不动产统一登记制度推出后，将为房产税的征收打下基础，并有利于国家对个人财产征信状况的管理。"这个制度会更严格地规定房屋权属登记，不同历史原因、不同权属性质的房产都要进行登记。未来的登记不光要建立相应的档案，更重要的要把相关的数据电子化和全国联网，便于为未来的一些税收的征缴和个人征信状况的管理打下一个比较坚实的基础"。目前数十个城市的不动产信息联网已经在技术层面实现，未来可能在查询权限上有所限制，但总体方向将有利于房地产市场的透明健康发展。这一技术工作的完成为未来房产税的开征将打下重要基础。

（五）提高交易透明度，杜绝"一房多卖"等不合理交易现象

由于登记严重分散，信息无法全面披露，不法分子便利用这些弊端，将房、地分别抵押甚至分别转让。也有一些当事人将企业财产整体抵押之后，又将部分财产重复担保，使得担保权人在实现担保权时受到极大损失。以房地产行业的不动产为例，出现一房多卖、重复抵押、保障房不公平分配、住房的家底不清现象。

《物权法》规定了不动产只要依法进行了相关登记，即使还未完成产权过户也视登记具有法律效力，这样杜绝了开发商或投资者在房地产预售和转让过程中的"一房多卖"的不合理现象，有助于我国房地产交易秩序健康发展。并且，不动产统一登记制度的确立将使"一套房子两个证"成为历史，也对那些通过不正当手段拥有多套房产的人产生一定的威慑作用。这从侧面助推了房地产市场健康有序的发展。

（六）推动房产信息全国联网，建立统一社会信用代码制度，为政策制定提供依据

不动产统一登记可以帮助建立以公民身份证号码和组织机构代码为基础的统一社会信用代码等制度，从制度上加强和创新社会管理，同时，它也可以推动全国房产信息联网，这有利于摸清全国房地产市场的基本情况，有利于国家对房地产市场的宏观调控。东北师范大学经济研究所所长、经济学教授、博士生导师金兆怀指出："不动产统一登记制度的推广可能会有一个从试点到全面铺开的过程，只有不动产统一登记制度形成完整的管理体系，才能对房地产市场的政策决定做出影响。"

（七）助力楼市调控

因为房地产调控的重点是抑制投机投资性住房；抑制大量囤房，坐以待涨，谋取暴利。我们的限购政策、房贷差异化政策、交易税、所得税和房产税无一不是对准投机投资性购房和囤房。在房产税全面实施以前，实践证明现有的系列政策似乎不能解决投资投机和特殊利益群体大量囤房的问题。出台并实施不动产统一登记制度对房地产调控具有重要意义，对于高房价必将有抑制作用。

不动产统一登记对楼市的调控影响主要体现在两个方面。一个是直接影响，一些无法交待房产投资资金合法来源的人，尤其是公职人员，会被迫将房产卖掉。像前一段时间发生的"房姐"、"房叔"之类的人，都是占有大量房产作为投资品的腐败分子，如果不动产登记完成数据联网，对反腐败会有明显促进作用。另一个是间接影响，普通居民也一直在投资房地产，但随着不动产登记制度推出，房产税也会随之出台，那么不少人就要考虑，持有房产需要交税，是否合算？这会让他们理性考虑，投资性购房需求由此有望得到遏制。最后，由于二手房市场投放量增加，投资性购房需求得到遏制，房地产市场的供需局面有望得到扭转，房价也有望下降。不动产登记制度会有力遏制房产囤积和闲置浪费现象。

三、政策建议

建立不动产统一登记制度的作用很明显，然而，要推进统一的信息登记工作并不容易。这个阻力既来自于制度修订，也来自于技术层面，还来自于部门和个人利益。要更好地落实不动产统一登记制度，以下两个问题必须纳入考虑范围。

（一）处理好个人信息和公共信息公开问题

关于通过不动产统一登记制度进行反腐败，一些学者表示了担心。理由是"以人查房"有可能侵犯普通群众的隐私，国际上大多也仅限于"以房查人"而限制"以人查房"。

实际上这个反对理由并不充分，首先，官员隐私权在涉及财产的方面应受到限制本就是法律界的共识，这也是法治发达国家官员财产公示的一个法律基础，因此即使要保护普通公民的隐私，针对官员的"以人查房"也应当放开，只要区分是否是官员即可。其次，不动产统一登记制度将为未来开征房产税奠定基础，而对开征房产税来说，"以人查房"是税收部门所必需的程序，只要限定查询的主体资格即可，让反腐机构和税收部门具备同等的查询权力即可达到反腐的目的，普通公民的隐私权并没有作出额外牺牲。再次，制度的设计往往不能同时满足各方面的需求，为此必须进行价值排序，必要时以民意为基础牺牲部分利益以维护更重要的价值追求。从我国的实际情况来看，前段时间公众对各地限制"以人查房"的不满充分表明，绝大多数公众乐意牺牲自己的隐私权来实现反腐败这一目前更严重的问题。

（二）立法，建立全国统一的登记机构

我国物权法中关于不动产登记的制度有所涉猎，但是想要从根本上完善我国的不动产登记制度，必须制定专门的不动产登记法，还要建立全国统一的登记机构。登记机构最好是垂直化管理，确保登记机构不受人情的干扰。

如果做不到全国垂直管理，也要强调该机构的独立性，明确其独立的法人地位。此外，要明确登记机构对不动产登记申请资料予以审慎的形式审查的义务。在登记工作中，应树立"安全第一，兼顾效率"的理念，以确保每一项登记经得起历史、法律与社会的三重检验。要不断提升登记工作人员的业务素质和专业水平，建立健全激励与约束机制。

关于我国的不动产统一登记，《物权法》起草小组专家组成员、中国社科院法学所研究员孙宪忠最早提出"五个统一原则"，即统一登记法律依据、统一登记机关、统一登记效力、统一登记程序、统一权属证书。

四、小结

不动产登记制度在现今社会发挥着越来越重要的作用，推行不动产统一登记制度在更好

地落实物权法规定、有效保护不动产权利人的合法财产权，提高登记效率、降低登记成本，反腐倡廉，统一社会信用代码，铺路房产税，助力楼市调控等方面都发挥了重要的作用。

国家相关部门应贯彻落实《关于实施国务院机构改革和职能转变方案任务分工的通知》中关于 2014 年 6 月底前出台《不动产统一登记条例》的通知，确保不动产统一登记制度得到落实实施，让其在推动房地产市场健康发展方面发挥实际作用。⑤

参考文献

[1] 杜晓，张昊.不动产登记立法有助房产反腐法治化.法制日报，2013，第 4 版.

[2] 魏文彪.不动产统一登记事不宜迟.中华工商时报，2013，第 7 版.

[3] 李响.不动产统一登记时代来临.中国国土资源报，2013，第 3 版.

[4] 陶金节.建立不动产统一登记制度的社会意义.民主与法制时报，2013，第 B02 版.

[5] 杨遴杰.不动产统一登记能改变什么.中国国土资源报，2013，第 3 版.

[6] 黄震，陆琪.不动产登记制度的反腐败功能.学习时报，2013，第 5 版.

[7] 任震宇.不动产统一登记或助力楼市调控.中国消费者报，2013，第 A02 版.

[8] 金丽婷.论不动产登记制度.牡丹江师范学院学报（哲社版），2007，第 2 期.

[9] 易树钊.浅谈完善我国不动产登记制度.法治与社会，2013，1（下）.

（上接第 104 页）还要看政府有怎样的扶持政策出台。油品升级的成本到底是政府补贴还是由油企自己承担，如何统筹规划排放标准升级这个"点"带动的整个"面"的迅速升级，是政府亟须考虑的问题，因为油品的升级是排放标准升级问题的"瓶颈"。目前国家相关部门对于国Ⅲ油品不能在全国范围内提供的问题，其解决方案是先行推进国Ⅳ排放的车辆，然后倒逼"两桶油"提升油品质量。但是，这种倒逼的做法着实欠考虑。

（3）对于目前市场上存在的国Ⅲ车辆，政府需要考虑到因为升级引起的二手车市场渠道的封锁，需要政策上制定优惠方案，降低车主更新换代的成本，甚至可以在国Ⅳ油品实现普及之后，对国Ⅲ油品的征收消费税，引导车主转换使用国Ⅳ标准的车辆和燃油；同时，对没有销售掉的国Ⅲ车辆库存如何处理一定要制定明确而具有可实施性的方案，最大范围地避免汽车经销商改动发动机相关信息蒙蔽消费者，或者由换代引起的资源浪费，让国Ⅳ标准的推进更加具有彻底性。

（4）设立油品质量的监管部门，加强油品生产、批发、零售环节质量监督力度，严格市场准入管理和产品质量监督检查，严厉打击质量违法行为。不能因为劣等的油品贴上"国Ⅳ"的标签就宣称进入"国Ⅳ时代"。

（5）加强对汽车尾气排放的监测，加大对车辆发动机假冒"国Ⅳ"标准的车企和没有安装尾气处理系统的车主的惩罚。

（6）对于消费者群里，加大排放标准对空气质量改善优越性的宣传教育，切实让消费者意识到新标准实行带来的使用成本的降低和对市区空气质量改善的重大作用，提升车主在消费决策时对国Ⅳ车辆的喜好程度。

政府应该充分意识到全面推进国Ⅳ排放标准，发动机、尾气处理装置、油品升级、车用尿素添加站这些要素应同时具备，彼此之前没有先后执行的顺序之分，只有"万事俱备"了，才能赢得消费者的信任的"东风"，才能实现"多赢"的局面。⑤

中国三四线城市"鬼城"现象探寻

任 丛

（对外经济贸易大学国际经贸学院，北京 100029）

摘 要：城镇化建设促进了我国城市经济的发展，但同时也使得城市人口急剧膨胀等城市病不断暴露。面对国内风生水起的新区建设和三四线不断爆出的"鬼城"现象，本文参照宏观PESTEL分析法从人口吸附力、经济支撑力、政治政策制度、社会环境四方面来分析判断新区建设可行性。由分析可知，"鬼城"现象是由前期不合理的科学预估和后期资本应用泛滥的结果。基于人口吸附力不强、经济支撑力不大的诸多三四线新区采用的是"先安商气，再聚人气"的思路。可是高房价、高租金使二、三产业发展成本过高，居民消费性服务业很难快速发展成长起来，基础建设也不能同步发展，加剧了未来经济发展的难度和不确定性。这些因素又阻碍着外来人口的流入，轰轰烈烈的建设潮退去之后，难免留下一个个空置率极高的空城。

关键词：城镇化；三四线城市；鬼城

城镇化建设促进了我国城市经济的发展，但同时也使得城市人口急剧膨胀等城市病不断暴露。而作为城市人口集聚的新载体、城市经济发展的新亮点、城市资产经营的新亮点，新城新区战略成为城市复兴与区域开发的重要手段。

然而，在新城新区规划建设过程中，出现了两种完全不同的趋势，一种是像鄂尔多斯市新城区康巴什等地出现的"鬼城"现象，而另一种则是像上海浦东新区的建设促进了城市发展。因此，面对国内风生水起的新区建设和三四线不断爆出的"鬼城"现象使得对中小城市新区建设的可行性和必要性的探讨也具有了重要意义。

首先，"鬼城"是特指在城市化进程中出现的空置率过高、甚至被废弃的城市区域。这些新城新区因空置率过高，鲜有人居住，夜晚漆黑一片，被形象地称为"鬼城"。我国云南省昆明市的呈贡新区、河南省鹤壁市新区、

江苏常州和鄂尔多斯康巴什新城都是知名"鬼城"。初期无序开发商业用地，投资客多而真正能够带来持久消费能力的住户少，再加上由于房地产冰冻，民间借贷危机爆发，宏观经济增速放缓，经济发展所依靠的资源行业深陷，在这些共同作用下，一个个曾被预言为经济奇迹的"新区"，逐渐转为让人望而生畏的"鬼城"。因此，研究国内三四线频发的"鬼城"现象的原因成为了解决这些现象的重要步骤。

在此鉴于新区建设的目的性与功能性，本文参照宏观PESTEL分析法以康巴什、江苏常州、河南鹤壁新区和云南昆明呈贡新区为例，将影响因素归为人口吸附力、经济支撑力、政治政策制度、社会环境因素来分析判断新区建设可行性。

一、人口吸附力

康巴什成为鬼城并被世人所熟知，是源于2010年美国时代杂志的一篇报道。文中提到"只

有几辆汽车驶过多车道公路，白天有些政府办公室开门办公。偶尔出现的行人，看起来就像幻觉，拖着沉重的脚步沿着人行道走着，仿佛恐怖电影中大灾难过后一名孤独的幸存者。"由此可以看出，鬼城最突出的特征是"没人"。原本预计 100 万人的康巴什从 2005 年的 2.7 万到现在的近 10 万人有了很大改观，但要实现 2020 年 30 万人的目标仍旧困难重重。

从鄂尔多斯来看，全市面积广阔，人烟稀疏，且有一定的游牧少数名族。东胜区作为老城区基础设施发展成熟，人口的吸附力大于康巴什。而其余各旗人口较为分散且农村人口居多，聚居人口难度较大。根据相关数据，目前鄂尔多斯总体人口规模为 200 万，若忽略已有住房人口不计，按照人均 30 平方米的标准测算，200 万人全部转为城镇人口，可拉动 6000 万平方米的住房需求，而这仅可以消化三年来鄂尔多斯累计开工施工房地产面积的近一半。根据鄂市"一市三区"总体布局设想，市内人口大迁徙是不现实的。因此本地人口的消耗力与所建房屋面积的不对称造成的缺口需要大量通过项目引进产业人口。

同样的问题也出现在江苏常州武进区发展建设的过程中。在常州，主要楼盘价格在每平方米六七千元，市中心的房子每平方米 1 万元左右，还有些偏远地段每平方米才 4000 多元。同时，随着高铁的开通，城际交通进一步提速，拉近了地区之间的距离，很多来自周边高房价地区如南京，上海苏州等地的人选择在常州买房，投资置业。2011 年武进区常住人口为 160 万，暂住人口达 70 万占到常住人口的近一半且主要是外来打工人员和当地低收入者，他们的暂住地点主要为出租房屋、单位内部和工地现场。因此大量房子都让外地人买走却很少在当地居住，本地房产所有者则又大多拥有多套住房，这让武进区的很多楼盘显得空荡荡，虽然这几年常州房价也在外地人购房的助推下上涨迅速。因此，

单靠常州市本地的消费是无法支撑本地的楼市的，后续的经济建设也因为"没人"而显得无力，致使传统工业强市常州吹起了地产泡沫。

二、社会环境

康巴什新区的建设问题源于与鄂尔多斯经济的快速发展同时出现的经济结构性矛盾。随着工业经济的急剧膨胀，"小城镇、大工业"的矛盾日益凸现；而作为主城区的东胜的绿化覆盖率、人均居住用地、人均道路广场用地、人均生活用水量等指标均低于全国平均水平。同时，东胜区水源缺乏，周边多为丘陵沟壑地形，扩展开发成本较高，难以承载全市今后经济增长和城市进一步发展的需要。而位于东胜与伊金霍洛旗阿镇之间的康巴什，处于立体交通枢纽的位置，背靠青春山，濒临乌兰木伦河，具有天然的绿色屏障、稳定的地质结构、开阔平坦的地貌地形、强有力的水源保障，地理条件十分优越，极具开发潜力。因此从自然环境和发展需求来看康巴什似乎是必行之路。

可是如同一个暴发户，康巴什是鄂尔多斯投资 5 亿所打造的一座华丽金宫，而与此不配套的基础设施配置使得打造宜居城市成为了一个空口号。宽阔的马路，炫彩的霓虹灯，气派的大楼，无疑不显示它的豪气。大量的人口每天往返于东胜和鄂尔多斯，22 公里的钟摆运动使用了大量的保洁、保安成本，消费了大量能耗。同时，大量的乔木绿化和人工水景使泊江海和乌兰木伦河即将被抽空，也使这座西北内陆的城市面临沦陷。不计资金成本和资源成本的野蛮开发，让人联想到了海市蜃楼、罗布泊等字眼。

同样由于社会环境与居民需求不协调导致的空城，还有云南呈贡新区。为了更好地吸引人群，让人们能够安定下来提供持久有效的消费能力，云南呈贡新区的建设设想是以高校为龙头，提升新区的文化品质，在人才培养、科研、服务社会和文化引领 4 大领域，明显提高核心

竞争力。入住新区伊始，环境优美、气势恢宏的新校区让来到这里读书的莘莘学子感到无比幸福快乐，而远离市区带来的不便则逐渐让同学们淡化了对新校区的喜爱。但是很快，出了校门就是荒地和山坡，附近没有图书馆和购买学习资料和用品的商店等设施的缺乏，让在云南呈贡高校新区读书的学生们苦不堪言。呈贡高校新区，在输出文化资源推动新区文化建设、带动相关文化产业发展、吸引高校学子就地创业等方面，没有得到高度重视，因此本来的预想没有得到完整的实现。同学们多数宅在校园，即便想要出校园逛一逛也因为距离商场太远而只得作罢。故而如何能够吸引民间注资，加快大型商业网点建设，全力打造与高校新区理念相一致的产业链，成为了目前云南呈贡新区的领导头疼的问题。

三、经济支撑力

在短短十年之间，鄂尔多斯凭借丰富的煤炭，稀土，天然气资源以及羊绒贸易，成就经济奇迹，2007 年人均 GDP 已超北京、上海和香港居于全国第一。这座坐拥全国六分之一煤藏，亚洲储量第一的天然气和世界储量的稀土的城市，是一座典型的资源性城市。这座新兴的能源之城，最擅长的领域是采矿机制和技术改革。可是如何更好地发展房地产和金融资本市场，则还需慢慢学习。随着资源不断地开采，财富源源不断地聚集。原始资本的快速积累与产业结构不均衡和投资渠道单一的作用下，房地产成为投资的另一片热土。在煤改和产业转型的政策和巨大财政收益的情况下，政府大量的圈地、卖地、招商引资。同时逐渐富裕的煤炭企业和各大房地产商以及受益于民间借贷的中小房地产商、个体户一同加入到浩浩荡荡的房产开发、倒卖的大军中。而支撑这场狂欢的则是不断上涨的煤炭价格，当国内外煤炭行业形势一路下泄的形势下，按下暂停键已不能制止狂

奔的资金运转，因此资金链断裂就是必然的结果。相对应的现象则是房地产泡沫的破裂和不惜代价的招商引资。

同样凭借着丰富的资源起家的还有以煤炭化工为产业支撑的河南鹤壁市，为了应对因煤炭开采而出现的采空区问题，早在 1992 年就开始在老城区山城区和鹤山区 40 公里外的地方建设新区，是河南省第一个建设新区的地级市，这个新区成为现在的淇滨区。而鹤壁市城市规划的空间发展方向是"鹤壁—淇县一体化"，官方称之为鹤壁大新区。新区中几乎没有任何产业在内，清一色是地产和相关生活配套项目。这使得这个建设历史已经长达 20 多年的新区，到目前为止，还是个空心之城，变成了"睡城"，即鬼城的另外一种形式。

原来支撑鹤壁经济发展的煤炭、化工业在最近两年受累于煤炭价格向下走势，而鹤壁商业等第三产业服务业发展十分缓慢，因此新区缺乏强有力的经济支撑力，居民生活水平较低，购买力不强。《鹤壁市 2011 年国民经济和社会统计公报》数据显示，2011 年鹤壁三产比重为 11.0 : 71.5 : 17.5，其工业占 GDP 比重高达71.5%，而其主要工业都集中在老城区，可以推测新城区几乎还是一座产业空城。统计数据显示，鹤壁市城镇化率较高但城镇居民收入却较低。2011 年鹤壁市城镇化率为 49.76%，城镇化水平在河南省 18 个地市中居第三位。但 2011年城镇居民人均可支配收入为 17254.54 元，低于河南省年均水平 940.26 元。

与此同时，土地利用的超预期和低利用率导致的自北向南长条状的尴尬规划格局也进一步加剧了产业与人口的脱节，削弱了产业的经济支撑力。鹤壁市的产业多在北部几十公里外的老城区和淇滨区最北边的经济技术开发区内拥有者鹤壁市的众多产业，而在南部则有大量人口居住，致使约有 20 万鹤壁淇滨区居民，在每天早上五六点、下午三 点多钟乘坐一个小时

的班车到40公里之外的老城区上班，其中大部分是原本居住在老城区的煤矿工人。这让鹤壁大新区成为了名副其实的"睡城"。

四、政策的缺位

推进城镇化建设一直是我国经济发展的大方向，同时GDP的考察指标和土地财政背后的巨大红利让地方政府成为引导资本流转方向的重要推手。

相比于人的城镇化，推行城市空间扩张和土地开发的城镇化相对容易，且见效快。同时，通过新城开发，可以轻松带动基础设施投入，促进房地产业发展，短时间内就能实现GDP的大幅增长。看得见摸得着新城建设，也使得政府官员获得更多的提拔机会；缺乏有效的奖惩机制使得决策有误的新城成了烂摊子。最后则是政府对土地财政的依赖性。在现行财税体制下，中央和地方的财权、事权不相匹配。地方政府在缺乏建设性财政资金的前提下实现工业化和城镇化加速发展，需要依靠经营性用地出让取得资金，以支撑基础设施建设和公共支出，这就造成了近年来各地土地出让金在地方财政收入中的比重不断提升的现象。2012年，全国土地出让金达2.69万亿元，相当于同期全国地方财政总收入的40%以上，在有些县市，土地出让金占预算外财政收入比重已超过50%。

同时，在追求政绩和GDP考察指标的过程中，政府无序规划导致的圈地也在很大程度上推动了鬼城现象。河南鹤壁新区的"9+1"项目就是其中一个典型代表。为了打造区域性中心城市、展示城市高端形象、拉动鹤壁新一轮发展投资引擎，鹤壁新区目前的一个重点即是打造"总部经济"，"9+1"就是其中最具象征意义的产物。所谓"9+1"，是指9栋地标性建筑加上一座会展中心。为了建设起这处颇具象征意义的地标建筑，鹤壁市政府不惜大力进行圈地活动，征收附近多处村庄，导致当地农民不

得不离开土地重新谋生活。这对于年轻人来说或许不是难事，然而对于已经在土地上劳作了几十年的老人而言，突如其来的圈地政策让他们不知所措。根据政府政策，不超过40平方米，将按照每平方米2000元的成本价卖给拆迁户；超过40平方米将按照市场价卖给拆迁户。而政府对每平方米房屋的拆迁补偿为290元。这意味着要买房需要再贴钱，对于当地农民来说的确得不偿失。而这块被鹤壁市政府寄予厚望的地标性建筑也并未带来预想的巨大利润，由于地势偏远，鹤壁市企业数量少，来到这里投资的企业少得可怜，美丽的建筑间，除了为数不多的工作人员外，少有顾客来往。

由以上分析可知，"鬼城"现象是由前期不合理的科学预估和后期资本应用泛滥的结果。基于人口吸附力不强，经济支撑力不大的诸多三四线新区采用的是"先安商气，再聚人气"的思路。可是当地的高房价、高租金使二、三产业发展成本过高，产业进入门槛较高，盈利能力较低的第二、三产业如商贸流通、餐饮、旅游、社区服务等居民消费性服务业很难进入新区并快速发展成长起来，使得新区的基础建设不能同步发展，加剧了新区未来经济发展的难度和不确定性。这些因素又阻碍着外来人口的流入，因此除了大量气派的办公大楼、娱乐中心和公寓别墅，超市、医院、学校等配套设施不能同步发展，导致城市规划脱离现实发展，城市功能不完善，与城镇化相关的户籍制度、社会保障、土地产权、就业、教育等问题，得不到妥善解决。这样，轰轰烈烈的建设潮退去之后，难免留下一个个空置率极高的"鬼城"。⑤

南京国民政府时期建造活动管理初窥（三）

卢有杰

（清华大学建设管理系，北京 100089）

五、已登记之营造业承办工程有左列情况之一时，经被据实检举或由地方主管营造业机关调查属实均应予以处分。

甲、不履行合约义务或故意延误工程者；

乙、因技术不精或玩忽业务致业主或他人蒙受损失者；

丙、对于投标手续有非法行为者及未得业主之同意转让他人或利用未登记之厂商假用名义顶替者；

丁、偷工减料，不服建筑师或业主指挥者；

戊、违反建筑法令者。

六、地方主管营造业机关应经常严格考查营造厂商之业务行为，遇有前条各款之一时，得按情节之轻重，执行左列之处分：

甲、警告；

乙、罚钱；

丙、半年以下停止营业；

丁、停止或禁止一部分营业；

戊、撤销登记。

情节过重者并得移送法院究办其因。不履行合约义务所涉讼者，在未判决前应暂停止其承办其他工程。[132]

3、各地情况

（1）上海

1928 年 6 月 1 日，上海特别市政府工务局呈准市政府，开始办理营造厂（包括水木作）登记，宣布自此以后，不登记者不得在市区承揽工程。从当年 6 月 1 日到 12 月底，共有 822 家营造厂登记，其中成立 10 年以上者约占一半。[35]1936 年工务局对营造厂登记章程作了补充规定，实行甲、乙、丙三级资质管理。甲等营造厂，资本必须在 5 万银元以上，曾承包 10 万银元以上工程，而且有优良成绩。乙等营造厂，资本必须在 1 万银元以上，曾承包 2 万银元以上工程，而且有优良成绩。丙等营造厂，资本不作规定，但必须曾有承包 1 万银元以下工程，有 2 年营造厂经历，而且有优良成绩。登记注册营造厂时填写登记表、保证书，同时还须附上资本、施工经历、厂主资历的证明文件。[120]1930 年和 1936 年先后修正了该章程。

（2）南京

南京特别市工务局于 1928 年 1 月 18 日公布《南京特别市承办建筑店铺登记领照章程》[8]。按该章程，所谓"承办建筑店铺"就是"建筑公司、水木作、石作、泥水作、凿井作等"。凡在南京市区内开设"承办建筑店铺"者均须到工务局登记领取执照，凡不领取者不得包揽承造各种大小建筑工程。工务局将"建筑店铺"分成甲乙丙三等，甲等可承揽一切大小建筑工程；乙等可承揽一万元以下建筑工程；丙等可承揽二千元以下建筑工程。[8]

该章程 1932 年修正，将"建筑公司、水木作、石作、泥水作、凿井作、搭棚作等"称为"营造业"。[133]该章程于 1935 年再次修正。[134]

（3）北平市

北平特别市政府于 1929 年 3 月 21 日公布《北平特别市厂商承揽工程取缔规则》[135]，目的在于"取缔市内不良建筑以图安全"，承揽工程的厂商指"在本特别市区域内开设木厂、营造厂、瓦木作等及建筑公司或建筑工程师事务所等承揽一切工程之厂商"。这些厂商"均应于营业以前赴工务局请求注册发给证书……须有相当之资本，其经理人或代表人须具有建筑工程学识与经验并须取具确实铺保"。

"不属于中华民国之厂商应遵照条约不得在本特别市区域内设立公司行厂承揽土木建筑工程，但经中央政府特许并具有愿书声明遵守本市关于建筑之一切规则及法令者不在此限"。

该取缔规则将承揽工程的厂商划分为六等，如表 14 所示。

承揽工程的厂商等级　　　　表 14

厂商等次	资本	注册费
特等	10 万元以上	300 元
甲等	5 万元	200 元
乙等	1 万元以上	50 元
丙等	5 千元以上	30 元
丁等	1 千元以上	10 元
戊等	500 元以上	5 元

该取缔规则规定"注册厂商不得承揽超过原报资本五倍以上之工程，但对于承揽工程由殷实铺保者不在此限"，"注册厂商承揽工程应向工务局领取开工证，……注册厂商承揽工程如因减省工料或擅改工料规范而发生危险或伤及人命时除由法庭依法办理外工务局得酌量情形撤销注册证书"。"未经注册之厂商如在本市区域内承揽工程一经查觉……应罚以加倍之注册费"。

该规则在 1930 年 [136]、1932 年 [137]、1936 年屡经修正。[138]

北平市营造厂和承揽散工注册登记的情况，可见表 15 和表 16。

北平特别市工务局 1930 年核发承揽
工程厂商注册证书一览表　　　　表 15

月份	数目	厂商名称
1 月份 [139]	3	森记木厂、万林木厂、天兴木厂
2 月份 [140]	5	合盛、复生、天森、德顺、和聚
3 月份 [141]	11	聚兴永、协兴、长利、华兴、庆顺、致祥、双合兴、元记、卫华、森林、裕升
4 月份 [142]	9	鸿盛、兴利、公兴顺、申泰兴记、天亨、德隆、德山、艺和、卫华（换照）
5 月份 [143]	9	义丰、恒利和、庆成、振记、金源、聚森、恒利、聚盛、中和

北平特别市工务局 1930 年核发承
揽散工注册凭单一览表　　　　表 16

月份	数目	厂商名称
1 月份 [139]	3	华商凿井局
2 月份 [140]	5	德顺、华兴、陈记、四聚、广利
3 月份 [141]	2	德玉兴、郝隆昌

1946 年，到北平市工务局登记注册的营造厂共 129 家，其中甲、乙、丙和丁等者，分别为 43、21、28 和 37 家。[144]

4、处罚实例

汕头市政府工务局根据稽查员李择如的报告得知，源记工厂为同济善堂修筑同济二马路偷工减料，于是派人检查。该马路虽然由同济善堂支付工程费用，并按照工务局取缔科审定的图纸施工，但事关政府路政，于是，市长许锡清命令源记工厂返工，工务局派人监工，还通知同济善堂配合工务局，为工务局监工人员支付薪水，每人每月三十元毫洋。[145]

1934 年南京市工务局为中央路工程招标，缪宏记营造厂中标，签约承包。工务局派职员陈安润和杨立权到现场监工。监工员杨立权报告 1934 年 11 月 26 日，缪宏记营造厂管账人忽然送来大洋一百元，意欲行贿。杨某原本拒绝，但事关名誉，就上报工务局。工务局认为，缪宏记营造厂这一做法是侮辱公务员人格，公然行使贿赂。"显系意图偷工减料，实属不法已极，本应移送法院严惩，唯念事出初犯，情尚可原"，于是没收了这大洋一百元。表扬了杨立权，并警告缪宏记营造厂以后不得重犯。上报市长后，当时的市长石瑛发布命令，停止缪宏记营造厂营业半年。[146]

1947 年 11 月 12 日上海市工务局局长赵祖康签署并发布公告说，申和记营造厂承包大杨区浚河委员会疏浚走马塘河道第四标工程时，不遵照合约规定完工，任意毁约，延误工程，应处以吊销开业登记证之处分，通知该商将甲等第八十九号开业登记证呈局撤销并呈报内政部备案。[147]

1947 年 12 月 12 日上海市工务局局长赵祖康又发布公告，宣布：鼎基工程公司主任技师顾振新报告说他与该公司所订合约期满，业已解聘，请予注销。工务局通知了该公司限期更换主任技师，但逾期之后仍未见该公司另聘主任技师到工务局办理更换手续，按章令其停业三个月，通知该商将甲等第三十八号登记证及手折呈缴到局，俟停业处分期满后补呈主任技师更换手续。[148]

1948 年 2 月 6 日上海市根据《建筑法》[149] 和《管理营造业规则》[6] 订立并公布了《上海市管理营造厂商实施细则》[150]。这样，处罚违规者又有了新依据，1948 年 6 月 22 日上海市工务局发布同样是局长赵祖康签署的公告，其文曰：查新泰建筑公司承建中正西路一二三六弄内大中铁工厂平屋堆栈工程，不遵照核准图样施工，擅自改建锯齿形厂房，经饬令限期拆除，延不遵办并私自加盖屋面，殊属藐视功令，违反定章，按照本市管理营造厂商实施细则第

二十条之规定，应处以吊销开业登记证之处分，通知该厂限期将所领暂行登记丙等第五十八号开业登记证呈局缴销并呈报市政府备案。[151]

（二）建筑师和工程师

1、概述

1928 年 7 月工商部公布《工业技师登记暂行条例》[152]。该规则，申请登记为工业技师须符合如下条件：在国内外大学或高等专门学校修习工业专门学科三年以上，得有毕业文凭，并两年以上实习经验，有证明；曾受中等教育，并办理工业各场所技术事项，合并计算，在十年以上，卓有成绩；办理工业各场所技术事项，能改良制造或发明或有著作，认为与国家及社会有特殊利益。工业技师分九科，有土木工程科和建筑科。申请者要经过按该规则组成的审查委员会审查。合格者，由审查委员会呈报当时工商部，由部长发给工业技师登记证，并由工商部公报刊登。已登记工业技师开业前，应向工商部呈报姓名、年龄、籍贯、住址、出身、经验、技师登记证号码、事务所所在地。技师接受委托，承担设计、制造、指导、建筑业务时，须与委托人签订合同，收取相应报酬。技师办理业务时，若有不正当行为，经法院判定，工商部将撤销登记证。

1929 年 6 月 28 日国民政府发布命令，公布《技师登记法》[153]。该法声称，"凡愿充当技师者均应遵照本法声请登记。"技师分为农业、工业和矿业三种。工业技师有土木科，没有明确划分土木和建筑两科，但有"其他关于工业各科"。申请者须在国内外大学或高等专门学校修习农工矿专门学科三年以上，得有毕业证书并有二年以上之实习经验且有证明书；办理农工矿各厂所技术事项，有改良、制造或发明之成绩或有关于专门学科之著作经审查合格。"曾因业务上之玩忽或技术不精，致他人受损害者；或关于业务上之执行，曾有违法情事，证据确凿者"不得申请，已登记者注销其登记并追缴技师证书。

审查合格者，由各主管部发给技师证书，刊登政府公报并呈报考试院。

领有技师证书者设立事务所时应向所在地主管官署呈报姓名、年岁、籍贯、住址、出身、经历、技师登记号数及发给证书日期和事务所之地址，然后才可受托（委托人包含国营、公营与民营各事业）办理技术上之设计、实施及与技术有关系之各种事务。

技师办理各种技术事务有违反法规者，原登记官署得注销其登记并追缴其证书。

凡未经登记而擅受托办理各种技术事务者，应由该管官署饬令停业外并得处以二百以下之罚金。

1929年10月5日行政院根据《技师登记法》第十七条公布了《技师登记法施行规则》[153]，并确定《技师登记法》1929年10月10日施行。[154]

《技师登记法施行规则》第二条规定土木科、电气科、机械科、纺织科及其他关于工业各科技师之登记由工商部办理。

第十条指出，自技师登记法施行之日起，所有以前中央或地方颁布之技师登记条例及一切章程规则一律废止。

第十一条指出，自技师登记法施行之日起，各地方政府关于各种技师登记事项应即停止。

第十二条声明"技师登记法施行前其依国民政府颁布工业技师登记暂行条例取得登记者一律有效"。

第十三条和第十四条声明，技师登记法施行前其依各地方政府技师登记之单行规章取得证书者，以及曾经北京农商部甄录合格之技师应于技师登记法施行后六个月内声请主管部核发登记证。"

第十五条明确，外国技师在中国境内充当技师者，均应依技师登记法申请登记。

建筑师工程师登记规则举例如表17所示。各年技副及技师人数如表18~表22所示。

2、各地情况

（1）上海市

1927年11月14日上海市工务局呈准市政府，公布《建筑师工程师登记章程》[155]，办理登记。1928年全年正式登记者165人，多数大学毕业；暂行登记者108人，多数为绘图员、练习监工；两者共273人。[35]1930年8月，上海市工务局根据《技师登记法》[153]，拟定《上海市建筑师工程师呈报开业规则》[165]。建筑师、工程师只有领到开业证明书后，才能接受委托办理市内

建筑师工程师登记规则举例　　　　　　表17

	规则名称	公布日期
1	上海特别市建筑师工程师登记章程[155]	1927年12月15日
2	工业技师登记暂行条例[152]	1928年7月
3	杭州市建筑师登记章程[156]	1928年8月8日
4	工业专门技师登记规程[157]	1928年12月15日
5	武汉市建筑工程师给照条例[158]	1929年2月
6	南京特别市建筑师工程师登记章程[159]	1929年5月1日
7	技师登记法[153]	1929年6月28日
8	技师登记法施行规则[153]	1929年10月5日
9	芜湖市建筑师工程师登记章程[160]	1929年8月
10	济南市工务局建筑工程师注册暂行规则[161]	1929年9月12日
11	广州市建筑工程师登记章程[162]	1930年

建筑师工程师登记规则举例　　　　　　　　　　　　表 18

	规则名称	公布日期
1	北平特别市土木技师执行业务取缔规则 [163]	1929 年 1 月 16 日
2	北平特别市建筑工程师执业取缔规则 [164]	1929 年 3 月 21 日
3	上海市建筑师工程师开业呈报规则 [165]	1930 年
4	南京市土木建筑两科工业技师技副执行业务规则 [166]	1933 年 9 月 12 日
5	广州市土木技师技副执业章程 [167]	1934 年 6 月 7 日
6	西京市土木建筑技师技副执行业务取缔暂行办法 [168]	1935 年
7	福建省建筑师请领开业执照办法 [169]	1936 年 2 月 25 日
8	南京市工业技师技副执行业务规则 [170]	1936 年 8 月 6 日
9	北平市土木建筑技师技副绘图员执行业务取缔规则 [171]	1936 年 8 月 8 日
10	南昌市技师技副呈报开业规则 [172]	1936 年 8 月 12 日

实业部 1932 年核准登记营造业技师技副人数 [173]　　　　　表 19

	合计	土木科	建筑科	电气科	机械科	测量科	绘图科
技师人数	113	74（1）	20（3）	11	8	–	–
技副人数	47	8	29	1	4	3	2

注：括号内是外国人人数。

实业部 1933 年核准登记营造业技师技副人数 [174]　　　　　表 20

	合计	土木科	建筑科	电气科	机械科	测量科	绘图科
技师人数	113	58（5）	25（5）	12	9	–	–
技副人数	47	8	25	–	3	–	27

注：括号内是外国人人数。

经济部 1928–1937 年核准登记营造业技师人数 [175]　　　　表 21

国别	合计	土木科	建筑科	电气科	机械科	卫生工程
中国	960	591	158	105	106	–
英国	30	7	20	–	1	2
美国	10	3	5	–	2	–
法国	2	–	2	–	–	–
俄国	13	8	4	–	1	–
德国	7	3	4	–	–	–
意大利	1	1	–	–	–	–
日本	4	–	4	–	–	–
瑞士	1	1	–	–	–	–
捷克	2	1	–	–	1	–
丹麦	2	2	–	–	–	–
挪威	4	4	–	–	–	–
荷兰	1	1	–	–	–	–
奥地利	1	–	1	–	–	–
合计	1038	622	198	105	111	2

经济部 1931–1937 年核准登记营造业技副人数 [176]　　　　表 22

国别	合计	土木	建筑	电气	机械	卫生工程	建筑测绘	测量	测绘	测图
中国	239	43	120	5	17	4	38	8	2	2
英国	7	2		–	2	3				
美国	2	–	1		1	–				
俄国	3	–	2		–	1				
德国	3	–	3							
日本	4	–	4							
瑞士	2	1	1							
匈牙利	1	–	1							
加拿大	1	–	1							
葡萄牙	1	–	1							
合计	263	46	134	5	20	8	38	8	2	2

建筑工程事宜。如果建筑师或工程师：甲、有《技师登记法》第五条所列情况（即一、曾因业务上之玩忽或技术不精，致他人受损害者；二、关于业务上之执行，曾有违法情事，证据确凿者）之一者；乙、以技师证书或开业证明书私自顶替或托名使用者；丙、违反工务局规章，屡经通知仍不遵照者，则工务局可以停止发给开业证明书并呈请市长转咨工商部核办，若已经领有开业证明书，可先行吊销。经工务局吊销开业证明书者，不得在上海市内执行业务。

（2）南京市

南京特别市政府于 1929 年 5 月 1 日公布《南京特别市建筑师工程师登记章程》[159]。要求所有在该市从事建筑工程设计或制图的建筑师和工程师到市工务局登记，领登记证或暂时登记证。大学或同等学校的建筑科或土木科毕业，曾主持重要工程三年以上，或大学或同等学校的建筑科或土木科毕业，曾继续研究或充工程教授工程三年以上或中等工业学校毕业，有六年以上工程经验并曾主持重要工程三年以上者，可以申请登记；大学或同等学校的建筑科或土木科毕业，并有一年以上实习经验者，或具有充分经验，能绘图并知计算者，可申请暂时登记。经工务局审查合格者颁发登记证书或暂时登记

证书。领有登记证书者，可承接一切建筑工程的设计事项，领有暂时登记证书者只准承接室内二层以下简单建筑的设计事项。若将登记证借予他人使用，或实际资格与登记要求不符，或违反工务局规定，又屡教不改者，工务局将注销其登记。[159]

南京市政府于 1933 年 9 月 12 日公布《土木建筑工业技师技副执行业务规则》。要求凡是按照《技师登记法》或实业部《农工矿技副登记条例》领有土木建筑两科技师或技副证书，在南京市区开设土木建筑事务所，执行土木建筑业务者，报请工务局和社会局，核发执行业务证。领得此证者，可承办南京市内各种公私土木建筑事业的设计、监工及同土木建筑有关的各种事务。凡现任公务员不得申领此证。[166]

领有执行业务证，承办上述事务的技师或技副得向委托者收取酬金（表 23）。

工程费（造价）与酬金　　表 23

工程费（造价）	酬金占工程费的比例上限
10,000 元以下	3%
10,000–30,000 元	2.5%
30,000–50,000 元	2%
50,000 元以上	1.5%

（未完待续）

参考文献

[133]《南京市政府公报》1932 年 120 期法规第 6-9 页

[134]《南京市政府公报》1935 年 156 期法规第 20-25 页《修正南京市营造业登记章程》

[135]《北平特别市市政法规汇编》,《北平特别市厂商承揽工程取缔规则》,北平特别市政府辑并出版 1929 年

[136]《北平特别市政公报》1930 年第 38 期市府法规第 13-16 页《修正北平特别市厂商承揽工程取缔规则》1930 年 3 月 11 日公布

[137]《北平市市政法规汇编(第二辑)》,工务类,《北平市厂商承揽工程取缔规则》1932 年 6 月 27 日府令,北平市政府参事室编,1934 年

[138]《北平市市政公报》1936 年第 367 期法规第 7-9 页《修正北平市厂商承揽工程取缔规则》1936 年 8 月 8 日公布

[139]《北平特别市市政公报》1930 年第 33 期工务报告第 7-8 页

[140]《北平特别市市政公报》1930 年第 37 期工务报告第 12-13 页

[141]《北平特别市市政公报》1930 年第 41 期工务报告第 12-14 页

[142]《北平特别市市政公报》1930 年第 45 期工务报告第 12-13 页

[143]《北平特别市市政公报》1930 年第 50 期工务报告第 9 页

[144]《北平市政府统计》1947 年第 5 期第 9 页

[145]《汕头市政公报》1930 年第 53 期(工务)第 98-99 页市长许锡清 1 月 28 日训令同济善堂承筑同济二马路之源记工厂偷工减料应饬拆卸并由府派员监工月薪由该堂支付由

[146]《南京市政府公报》1934 年第 137 期公牍第 60-61 页停止缪宏记营造厂营业半年案

[147]《上海市政府公报》1947 年第 22 期第 846 页

[148]《上海市政府公报》1947 年第 26 期第 913-914 页

[149]《四川省政府公报》1939 年第 141 期法规第 17-21 页《建筑法》

[150]《上海市政府公报》1948 年第 9 期本府法规第 173-175 页《上海市管理营造厂商实施细则》

[151]《上海市政府公报》1948 年第 1 期第 5-6 页

[152]《广东省政府周报》1928 年第 44-45 期建设第 69-71 页《工业技师登记暂行条例》

[153]中华民国法规汇编(1928-1933 年底),立法院编,上海:中华书局,1934 年《技师登记法》

[154]《财政部财政日刊》1929 年第 585 期训令第 1-3 页

[155]《上海特别市政公报》1927 年第 5 期法规第 119-121 页《上海特别市建筑师工程师登记章程》

[156]《杭州市市政月刊》1928 年第 10 期法规第 65-66 页《杭州市建筑师登记章程》

[157]《广东省政府周报》1928 年第 66 期法规第 29-30 页《工业专门技师登记规程》

[158]《武汉市政公报》1929 年 3 期法规第 2-3 页《武汉市建筑工程师给照条例》

[159]《首都市政公报》1929 年 36 期例规第 1-2 页《南京特别市建筑师工程师登记章程》

[160]《安徽建设》1929 第 8 期法规第 23-25 页《芜湖市建筑师工程师登记章程》

[161]《济南市市政月刊》1930 年 2 期法规第 11-12 页《济南市工务局建筑工程师注册暂行规则》

[162]《广东市市政公报》1930 年 342 期法规第 5-8 页《广州市建筑工程师登记章程》

[163]《北平特别市市政公报》1930 年第 29 期市府法规第 18-19 页《北平特别市土木技师执行业务取缔规则》

[164]《北平特别市市政法规汇编》北平特别市市政府辑并出版 1929 年《北平特别市建筑工程师执业取缔规则》

[165]《工商半月刊》1930 年 18 期第 8 页《上海市建筑师工程师开业呈报规则》

[166]《南京市政府公报》1933 年 133 期法规第 16-18 页《土木建筑两科工业技师技副执行业务规则》

[167]《广东省政府公报》1934 年 262 期建设第 98-100 页《广州市土木技师技副执业章程》

[168]《陕西建设月刊》1935 年 8 期法规第 42-43 页《西京市土木建筑技师技副执行业务取缔暂行办法》

[169]《福建省政府公报》1936 年第 577 期本省法规第 9-10 页《福建省建筑师请领开业执照办法》

[170]《南京市政府公报》1936 年第 1687 期法规第 15-17 页《南京市工业技师技副执行业务规则》

[171]《北平市市政公报》1936 年第 368 期法规第 4-6 页《北平市土木建筑技师技副绘图员执行业务取缔规则》

[172]《江西省政府公报》1936 年第 572 期法规第 3-4 页《南昌市技师技副呈报开业规则》

[173]《山东省政府公报》1934 年 274 期附录第 59-71 页实业部二十一年核准登记技师技副名册二十一年核准登记工业技师一览表二十一年核准登记工业技副一览表

[174]《山东省政府公报》1934 年 275 期附录第 66-79 页实业部二十二年核准登记技师技副名册二十二年核准登记工业技师一览表二十二年核准登记工业技副一览表

[175]《经济部公报》1938 年第 18 期附录第 829 页

[176]《经济部公报》1938 年第 18 期附录第 831 页